普通高等教育土建学科专业"十一五"规划教材
全国高职高专教育土建类专业教学指导委员会规划推荐教材

供热通风与空调工程技术实践教学指导

（供热通风与空调工程技术专业适用）

杜 渐 主编

中国建筑工业出版社

图书在版编目（CIP）数据

供热通风与空调工程技术实践教学指导/杜渐主编.
北京：中国建筑工业出版社，2010
普通高等教育土建学科专业"十一五"规划教材. 全国
高职高专教育土建类专业教学指导委员会规划推荐教材.
供热通风与空调工程技术专业适用
ISBN 978-7-112-11675-1

Ⅰ．供… Ⅱ．杜… Ⅲ．①供热设备-建筑安装工程-
工程施工-高等学校：技术学校-教学参考资料②通风设备-
建筑安装工程-工程施工-高等学校：技术学校-教学参考资
料③空气调节设备-建筑安装工程-工程施工-高等学校：技
术学校-教材参考资料 Ⅳ．TU83

中国版本图书馆 CIP 数据核字（2009）第 227021 号

　　本书为高职高专教育土建类专业教学指导委员会建筑设备类专业指导分委员会技能培训课程推荐教材，是部级"十一五"规划教材。

　　本书包括了钳工操作技能、管道工操作技能、流体力学与水泵实验技能、锅炉烟气测试技能、燃油和燃气锅炉调试技能、通风与空调系统测试技能、多层建筑给水排水系统设计与绘图技能、多层建筑供暖系统设计与绘图技能、施工方案设计技能和施工预算技能的培训。所有的技能培训都是以项目教学安排，按真实工作环境进行实施的，并且容纳了计算机基础知识、应用文知识和英语知识等。

　　本书也可以作为中职同类专业、高职热能专业及相近专业用书，也可供工程技术人员参考。

　　责任编辑：齐庆梅　张　健
　　责任设计：崔兰萍
　　责任校对：陈　波　陈晶晶

普通高等教育土建学科专业"十一五"规划教材
全国高职高专教育土建类专业教学指导委员会规划推荐教材
供热通风与空调工程技术实践教学指导
（供热通风与空调工程技术专业适用）杜　渐　主编

*

中国建筑工业出版社出版、发行（北京西郊百万庄）
各地新华书店、建筑书店经销
霸州市顺浩图文科技发展有限公司
北京建筑工业印刷厂印刷

*

开本：787×1092毫米　1/16　印张：9　字数：220千字
2010年2月第一版　2010年2月第一次印刷
定价：**20.00**元
ISBN 978-7-112-11675-1
（18927）

前　　言

在职业院校里，培养学生的技能成了当前各个学校的热门话题，但是现在适合学校用的教材却不多。在我国大多数学校的教学活动中，常存在以下几个问题：

一是课程门数设置较多，但相互隔离，联系较少，特别是在教学活动中，专业理论教师和专业实训教师之间、文化基础课和专业课教师之间的合作比较少，教师基本上是以"个体户"的形式进行教学的。因此，在课程设计、毕业设计或专业实训中，一般只注重该门课程专业技能的培训，这种模式很难培养学生的综合能力。

二是我国教师长期以来习惯于单兵作战，教师长期以来只教授某几门课，在教学中视野不够开阔。我国没有专门培训职业和工作心理学与教育学的机构，具有这种能力的教师凤毛麟角。而在实际工作中，具体的工作任务要求学生具有综合的能力，不仅要求学生具有专业的技能，而且要具有关键能力，例如能具有亲和力地与客户进行沟通、提供建议，能够利用一些软件在计算机上进行工作，能够较熟练地阅读有关英语的专业说明，能够与别人合作工作等等。

三是大多数职业院校的学生基础知识相对比较弱，综合运用各门课程中知识的能力较弱，自学能力较差，缺乏举一反三的能力，到了工作岗位不能立即上岗，还需要进行培训。

四是在项目教学中，我国大多数教师只注重评价成果，即产品质量，而忽视对过程质量的控制，这也是我国企业最忽视的问题。

为了改变这种状况，在高职高专土建类建筑设备类专业指导委员会的组织下，学习了德国职业培训的经验后，我们编写了这本为建筑设备类专业（水暖通风部分）技能培训的教材。这本薄薄教材的教学模式，是以项目教学为框架，以工作页为引线，引导学生自习或分组学习，在教师的指导下完成项目；学生在实施项目的过程中自己构建知识、形成能力、体验工作情境与过程。

这本教材要求教师必须进行团队合作，不仅要求实训教师、理论教师和文化课教师集体备课，甚至组织跨专业的教师集体工作，必要时让不同专业、不同工种或不同职业领域的教师参加到项目教学中去。过去，我国文化基础课由专职的文化课教师传授，他们在教学中基本不涉及专业知识，与专业技能联系更少，而现在这个系统的项目教学正好弥补了这个缺陷。

这本教材不是要求教师照本宣科，而是要求教师指导学生尽量独立地或以小组的形式学习。因为在实际工作中，上级布置任务后，就要求执行者自己去搜集信息、自己准备工作计划、自己选择材料和工具。上级布置的任务中可能会涉及一些过去在学校里未曾学习过的、新的知识和新的技能，这就要求学生培养自学或小组学习的能力。也就是说，各个项目中的一些内容可能尚未教学过。由于各个学校技能训练的场地不同、设施条件不同，实训经费多少的不同，实训教师和理论教师的水平不同，因此在实际教学中不一定要完全按照这本教材所设计的项目内容进行教学，也不必全部实施，教学项目可以自己选择，内容也可以增删或完全自行设计。非专业技能，例如计算机运用能力、英语阅读等能力的培训，既可以由专职的基础课教师担任，也可以由专业理论教师或实训教师担任。因为现在职业院校的年轻教师在大学里都已具有二级或三级计算机水平、四级或六级英语水平，相当多的年轻教师是能够胜任的，只不过在上课前需要进行如何合作、如何实施的相关培训。若有些学校在某些项目教学内容上无法找到合适的教师，则可以在教学中取消这部分内容，或暂时先按旧的教学模式进行项目教学。若有些职业院校实训条件优越，师资水平较高，学生基础较好，也可以加深或拓宽某些内容。

这本书既可以用于高职高专建筑设备类专业学生的技能培训，也可以部分用于中等职业建筑设备专业学生的技能培训。

这本教材由南京高等职业技术学校杜渐主编，其中的项目一由南京高等职业技术学校谢兵和封立伟编写，项目二由辽宁建筑职业技术学院崔红、李国斌和南京高等职业技术学校田华编写，项目五（二）和项目十二由河南城建学院王靖编写，项目七、八和十三由河南城建学院虞婷婷编写，项目三、四、五（一）、六、九、十和十一及大部分项目中的非专业技能由南京高等职业技术学校杜渐编写，项目九由南京高等职业技术学校谢兵编写，项目十由南京高等职业技术学校郭岩编写。

编写过程中，在教育部职业技术教育中心研究所和德国 Inwent 公司的组织下，在德国汉斯-赛德尔基金会与南京高等职业技术学校领导的组织下，参加编写的部分教师在国内和德国进行了短期培训，在此我们也向参与组织和培训的中德有关的领导和人员表示衷心的感谢；在编写过程中，我们曾经得到德国汉斯-赛德尔基金会派遣的短期专家、慕尼黑市手工业行会技师学校的教师冈特·汉克（Guenter Hank）先生和特劳恩斯坦市跨企业培训中心的教师托马斯·帕特（Thomas Pathe）先生提供的资料与帮助，对他们的无私援助表示衷心的感谢；在编写过程中，我们还得到德国的德图（Testo）仪器国际贸易（上海）有限公司、菲斯曼（Viessmann）中国有限公司南京办事处、威能（Vaillant）集团中国公司南京办事处提供的资料与帮助，在这里我们也向这些公司表示衷心的感谢。

由于这本教材所涉及的知识较广，编者水平有限、编写时间较短，项目的选择和内容的编写可能有失偏颇，书中也难免存在一些不足和错误之处，敬请读者批评指正。

目　　录

项目一 钳工操作技能：制作手锤

1. 任务

根据图纸，用钳工工具制作一把手锤（图 1-1），材料采用 45 号钢。

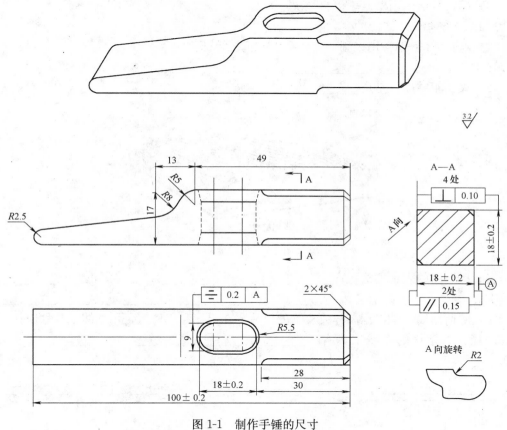

图 1-1 制作手锤的尺寸

2. 教学目的

2.1 专业能力

学生能够根据图纸自己制订加工工艺和工时，选择加工工具；在加工过程中能够熟练运用划线、锯割、锉削、钻孔等钳工技能，借助游标卡尺、直角尺、塞尺等量具进行正确测量、控制尺寸和质量，并制订安全措施。

了解金属热处理的工艺及要求。

使用计算机完成相关内容的工艺编制和制订工具清单；正确书写工具借条和材料

领条。

学习金属工艺学的有关专业英语词汇。

2.2　社会能力和个性能力

学生独立学习的能力，严谨的工作态度。

3. 准备工作

3.1　参考资料

(1) 钳工工艺学. 技工学校机械类通用教材编审委员会. 机械工业出版社，2004.

(2) 金属工艺学. 王英杰. 机械工业出版社，2008.

(3) 因特网搜索引擎（学生自学决定）.

3.2　准备知识

(1) 材料 45 号钢常用来制造比较重要的机械零部件。

45 号钢表示＿＿＿＿＿＿＿＿＿＿＿＿＿＿＿＿＿＿＿＿＿＿钢。

(2) 表面粗糙度：是指＿＿＿＿＿＿＿＿＿＿＿＿＿＿＿＿＿＿＿（图 1-2）。

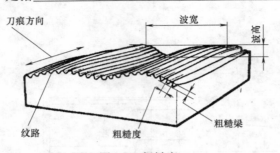

图 1-2　粗糙度

表面粗糙度的表示方法：＿＿＿＿＿＿＿＿＿＿＿＿＿＿＿＿＿，单位＿＿＿＿＿＿，
组成＿＿＿＿＿＿＿＿＿＿＿＿＿＿＿＿＿＿＿＿＿＿＿＿＿＿＿＿＿＿。

(3) 所谓划线，是根据图样或实物的尺寸，在毛坯和工件上，用划线工具划出加工轮廓线的操作。常用的划线工具有：＿＿＿＿＿＿＿＿＿＿＿＿＿＿＿＿＿ 等（图 1-3）。

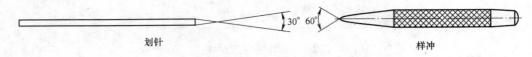

图 1-3　划线工具

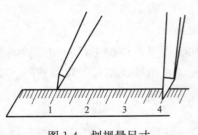

图 1-4　划规量尺寸

划规是用来划＿＿＿＿和＿＿＿＿、量取＿＿＿＿的工具。为保证量取尺寸的准确，应把划规脚尖部放入钢直尺的＿＿＿＿中（图 1-4）。钻孔的位置要求划出孔位的十字线，并打＿＿＿＿。划线打样冲注意事项（图 1-5）：

1)＿＿＿＿＿＿＿＿＿＿＿＿＿＿＿＿

2)＿＿＿＿＿＿＿＿＿＿＿＿＿＿＿＿

3) _____

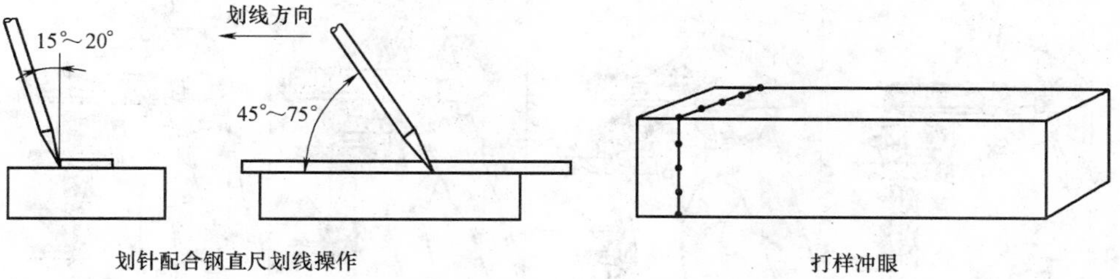

15°~20°

划线方向

45°~75°

划针配合钢直尺划线操作　　　　　　　　　　　打样冲眼

图 1-5　划线方法

（4）锯割是用锯对工件或材料进行_____的一种切削加工方法。锯条以 25mm 长度内齿数的多少来分，有_____、_____、_____三种表示。在锯割优质钢时，应选_____锯条。

（5）锯条的装夹要求是（图 1-6）：

1) _____

2) _____

3) _____

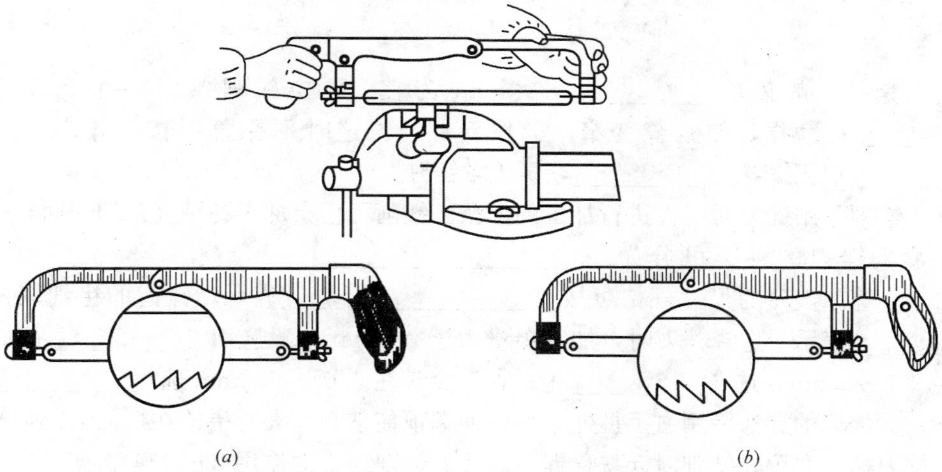

(a)　　　　　　　　　　　　　　　　　　　　(b)

图 1-6　锯条的装夹

（a）安装正确；（b）安装错误

（6）锯弓的握法及站姿要求（图 1-7）：

1) _____

2) _____

3) _____

4) _____

5) _____

锯割结束后，手和身体都恢复到原来的姿势。

运锯方法（图 1-8）有下面两种方式：

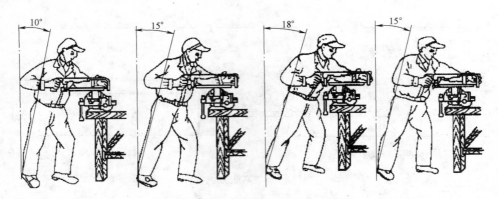

图 1-7　锯弓的握法及站姿要求

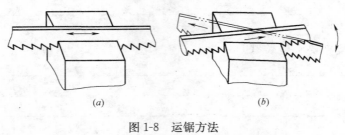

图 1-8　运锯方法

(a)　_____式；(b)　_____式

运锯速度一般以 _____ 次/min 为宜。更换新锯条时，由于旧锯条的 _____ 已磨损，使锯缝变窄，卡住新锯条。这时不要急于按下锯条，应先用 _____ 把原锯缝 _____，再正常锯割。

(7) 锉削是用锉刀对工件进行加工的方法。锉削可用于加工各种复杂的表面。按锉刀截面形状，锉刀的种类可分为：_____、_____、_____、_____ 等。锉刀的尺寸规格可按 _____ 表示，锉齿的粗细规格是按 _____ 表示。选择锉刀时，加工余量大于 0.5mm 一般选用 _____ 锉；加工余量在 0.2～0.5mm 选 _____ 锉；加工余量在 0.05～0.2mm 选 _____ 锉。

(8) 大锉刀的握法是用右手握锉刀柄，柄端顶住掌心，大拇指放在柄的上部，其余手指满握锉刀柄。左手在锉削时起扶稳锉刀、辅助锉削加工的作用（图 1-9）。

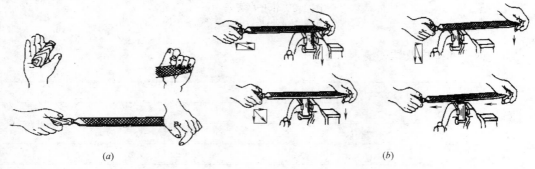

(a)　　　　　　　　　　　　　　　　　(b)

图 1-9　握锉方法

(a) 锉削时身体的摆动及站姿大致与锯割相同；(b) 锉平面时的两手用力

4

（9）锉削的方法有（图1-10）：

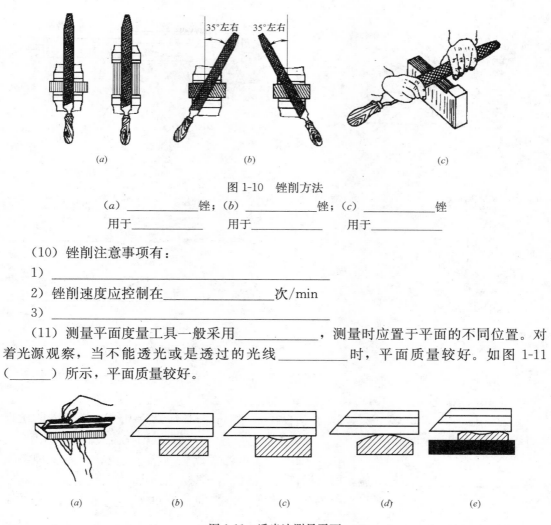

图1-10　锉削方法

（a）_____锉；（b）_____锉；（c）_____锉

用于_____　　　用于_____　　　用于_____

（10）锉削注意事项有：

1）_____

2）锉削速度应控制在_____次/min

3）_____

（11）测量平面度量工具一般采用_____，测量时应置于平面的不同位置。对着光源观察，当不能透光或是透过的光线_____时，平面质量较好。如图1-11（_____）所示，平面质量较好。

图1-11　透光法测量平面

（a）测量手法；（b）间隙均匀；（c）中间凹；（d）中间凸；（e）波浪型

塞尺（图1-12）是用来检验两个结合面之间的_____大小的片状量规。试用不同厚度的薄片插入缝隙中，能插入的最厚薄片的厚度即为_____大小。

（12）游标卡尺（图1-13）是_____等精度的量具，可测量工件的_____、_____、_____和_____等尺寸。高度游标卡尺的作用是_____及_____。游标卡尺的测量步骤：

1）_____

2）_____

3）_____

（13）钻削（图1-14）

1）麻花钻（W18Cr4V）由_____部、_____部和_____部组成（图1-15）。

5

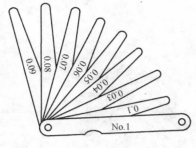

图 1-12　塞尺

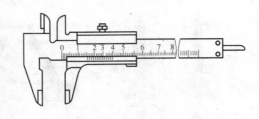

图 1-13　游标卡尺

图 1-14　钻孔

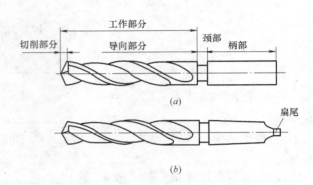

图 1-15　麻花钻的构成

2）麻花钻柄部形式有两种，一般直径小于 13mm 的钻头做成_____柄，直径大于 13mm 的钻头做成_____柄。

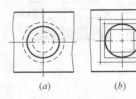

图 1-16　钻孔检查圆或方框
(a) 检查圆；(b) 检查方框

3）对钻直径较大的孔，还应划出几个大小不等的检查_____或检查_____，以便钻孔时检查（图 1-16）。

4）主轴的变速可通过调整_____组合来实现调整转速，用直径较大的钻头钻孔时，主轴转速应较_____；用小直径的钻头钻孔时，主轴转速可较_____，但进给量要_____。

5）高速钢钻头切削速度大小与材料也有关系，见表 1-1：

高速钢钻头切削速度与材料的关系　　　　　　　表 1-1

工 件 材 料	切削速度 v	工 件 材 料	切削速度 v
铸铁	14～22m/min	青铜或黄铜	30～60m/min
钢	16～24m/min		

钻床转速公式为：$n=$_____

式中各符号的含义及单位分别为：n—_____，v—_____，d—_____。

用直径为 12mm 的钻头钻钢件，钻孔时钻头的转速为（并写出计算式）_____

6）钻孔时使用切削液，见表 1-2 可以减少_____，降低_____，消除粘附在钻头和工件表面上的积屑瘤，提高孔表面的_____，提高钻头寿命和改善加工。

工件材料	切削液
切削液的选择	表 1-2
各类结构钢	3%～5%乳化液；7%硫化乳化液
不锈钢、耐热钢	3%肥皂加 2%亚麻油水溶液；硫化切削油

7）操作时，进给用力不应使钻头产生_____现象，以免孔轴线_____（图 1-17）。

进给力要_____，并要经常退钻_____，以免切屑阻塞而扭断钻头。

钻孔将钻穿时，进给力必须_____，以防进给量突然过大、增大切削抗力，造成钻头折断，或使工件随着钻头转动造成事故。

使用钻床安全事项：

开机前检查电器、传动机构及钻杆起落是否灵活好用，防护装置是否齐全，润滑油是否充足，钻头夹具是否灵活可靠；

钻孔时钻头要慢慢接近工件，用力均匀适当，钻孔快穿时，不要用力太大，以免工件转动或钻头折断伤人；

严禁戴手套操作，钻出的铁屑不能用手拿、口吹，须用刷子及其他工具清扫；

根据工件的大小，钻孔时必须夹紧，尤其是轻体零件必须牢固夹紧在工作台上，严禁用手握住工件。

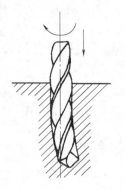

图 1-17　钻头弯曲使孔轴线歪斜

（14）零件加工后，在工件的直角或锐角处一般会产生毛刺，这些毛刺一方面会影响到今后工件的_____工作；另一方面会造成操作人员_____受伤或划伤_____，最简单的去毛刺操作就是倒角。倒角尺寸在不同位置时所指的含义如图1-18 所示。

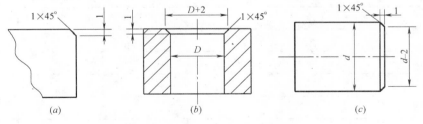

图 1-18　不同位置倒角尺寸的含义
（a）板件；（b）内孔；（c）外圆

对于未注倒角的位置，只要是锐角或直角都应倒角，采用锉刀轻锉锐角或直角处，达到不扎手即可。倒角的目的：是安全和装配的需要！

（15）常见的金属热处理工艺有_____

（16）手锤应该进行哪些热处理？各有什么作用？

3.3 专业英语词汇（在制订材料清单和加工工艺表时，尽可能使用下列英语单词）

metal	金属	technology	工艺	hand hammer	手锤
scribing	划线	scriber	划针	measure	测量
roughness	粗糙度	file	锉刀	saw blade	锯条
vernier caliper	游标卡尺	size	尺寸	man-hour	工时
tool	工具	material	材料	stores requisition	领料单
quality control	质量控制	task	任务	drawing	图纸
heat treatment	热处理	quench	淬火	anneal	退火
steel	钢	structural steel	结构钢	drilling machine	钻床
spiral drill	麻花钻	diameter	直径	rotate speed	转速
table vice	台虎钳	little brush	小刷子	low temperature	低温
high temperature	高温	length	长度	steel rule	钢尺

4. 实施步骤

4.1 工艺和工时的制订

（1）学生分组讨论工艺，用计算机制作讨论结果，每组推选一名代表发言。

（2）全班学生讨论分组结果。

（3）每个学生根据自己的情况用计算机制订工艺步骤、每步的工时和所需的加工工具，制订安全注意事项。

4.2 制订表格样式

学生在计算机上完成下列表格的制订：

（1）工艺流程表（表1-3）

手锤制作工艺流程表　　　　　　　　　　　　　表 1-3

序号	工艺流程	质量控制要求	工具名称规格	用时(h)

制定人：_____ 批准人：_____ _____年____月____日

（2）材料工具清单（表1-4）

（3）材料工具领用单（表1-5）

由学生凭领料单到仓库管理员处领取相关材料、工具。

手锤制作材料工具清单　　　　　　　　　　　　　　　　表 1-4

序　号	材料工具名称规格	数　量

制定人：_____　批准人：_____　_____年____月____日

手锤制作材料工具领用单　　　　　　　　　　　　　　　　表 1-5

序　号	材料工具名称规格	数　量	归还时间	备　注

领用人：_____　管理员：_____　_____年____月____日

4.3　实施

根据制定的工艺完成工件，随时记录完成过程与情况。

5. 评价

任务评分表　　　　　　　　　　　　　　　　表 1-6

序　号	评价项目	分　数	学生自评	教师评分
1	工艺步骤	10		
2	材料工具清单	10		
3	材料工具领用	10		
4	划线技能	10		
5	长度与宽度尺寸	10		
6	孔尺寸与对称度	10		
7	斜面尺寸	10		
8	平行度	10		
9	垂直度	10		
10	倒角尺寸和粗糙度	10		

序　号	评价项目	分　数	学生自评	教师评分
11	圆弧面圆滑连接	10		
12	锯割技能	10		
13	锉削技能	20		
14	量具使用	10		
15	钻头的正确选择	10		
16	钻床的正确使用	10		
17	英语词汇	10		
18	计算机能力	10		
19	与人合作能力	10		
20	现场工具摆放	10		
21	劳动纪律	10		
22	安全	10		
23	场地卫生	10		
24	整体印象	10		
合计	? /250＝	250		

说明：

长度尺寸偏差±0.2mm 以内 10 分，±(0.2～0.4)mm 为 5 分，超过±0.4mm 为 0 分。

6. 小结

学生根据完成项目情况进行技能训练小结，包括自己的收获。将实施过程与自己制订的工艺工时进行比较，分析自己在哪一过程中耗时最多、哪一种钳工技能掌握较好、哪一种技能掌握较差，分析自己技能存在的问题和今后改进的措施。

项目二　流体力学与水泵实验技能

流体力学实验（一）：雷诺实验

1. 任务

分组完成雷诺实验，记录相关参数和数据，对实验数据进行处理，对实验结果进行分析。

2. 教学目的

2.1　专业能力

通过观察流体在管道中的流动状态，学生加深对层流和紊流流动特征及流态转变的感性认识；

了解流态与雷诺数的关系。学习专业英语词汇。

2.2　社会能力和个性能力

学生在工作中细心和协调的能力；注意观察与分析问题的能力，善于在实践中运用理论知识；具有群体观念和合作精神。

3. 准备工作

3.1　参考资料

（1）流体力学及泵与风机. 陈礼主编. 高等教育出版社，2005.

（2）流体力学泵与风机. 白桦主编. 中国建筑工业出版社，2005.

3.2　准备知识

（1）流体和固体的区别在于＿＿＿＿＿＿＿＿＿＿＿＿＿＿＿＿＿＿。流体流动有＿＿＿＿＿＿＿＿＿和＿＿＿＿＿＿＿两种流态。

（2）层流的流动特征是＿＿＿＿＿＿＿＿＿＿＿＿＿＿＿＿＿＿＿；紊流的流动特征是＿＿＿＿＿＿＿＿＿＿＿＿＿＿＿＿＿＿＿。

（3）流态的判别标准是什么？如何计算？

＿＿

＿＿

（4）流态从层流转变为紊流时的雷诺数（Reynolds Number）称为＿＿＿＿＿＿＿＿，这一数值＿＿＿＿＿＿＿＿（固定、不固定）；流态从紊流转变为层流时的雷诺数称为＿＿＿＿＿＿＿＿，其值＿＿＿＿＿＿＿＿（固定、不固定）。

（5）如何判定圆管中流体的流态？

＿＿

（6）恒定流连续性方程式可以有几种表达形式，分别表示为_____

_____

（7）理想恒定流能量方程式为_____
实际流体还要考虑_____因素，因此实际液体恒定流能量方程式应
为_____

（8）能量方程式的适用条件是_____

_____

（9）图 2-1 为文丘里流量计示意图，文丘里流量计是一种_____仪器，它
由 1）_____ 2）_____ 3）_____组成。

（10）毕托管是一种测量_____或_____中任意一点_____的仪器。若要测定
平均断面流速，应将过流断面分为_____

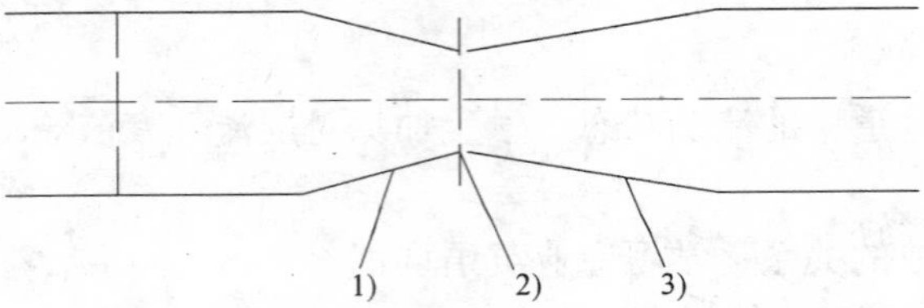

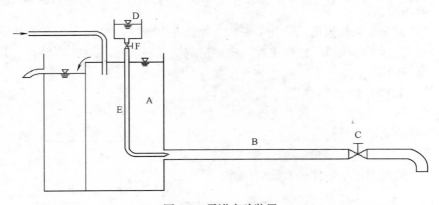

图 2-1　文丘里流量计示意图

3.3　实验装置

本实验装置如图 2-2 所示。A 为水箱，通过溢流保持水位_____；B 为玻璃管，通过
阀 C 调节流量；D 为盛装染色水的容器，通过细管 E 将染色水注入管 B；F 为调节阀门。

图 2-2　雷诺实验装置

（1）本实验装置中没有明确给出测量流量的部分，可采用什么方法测量流量？

_____

_____

（2）Flow（流量）是_____，其单位有
_____，本实验中测量流量的方法是_____，通过测量流

量 Q 可计算断面平均流速 v，公式为＿＿＿＿＿＿＿＿＿＿＿＿。

（3）水箱 A 的水位不变时，实验管道 B 中水流为＿＿＿＿＿＿＿（恒定流、非恒定流）。实验管道 B 采用玻璃管，其目的是＿＿＿＿＿＿＿＿＿＿＿＿＿＿＿＿＿＿＿

_____

（4）向实验管道 B 中注入染色水的目的是＿＿＿＿＿＿＿＿＿＿＿＿＿＿＿＿＿

_____

4. 实验步骤

4.1　组成实验小组

该实验小组由 2～3 人组成，熟悉实验设备，制订实验步骤，每组学生自己进行分工：观察、实验记录、实验分析与小结。

4.2　观察流态

（1）将进水管阀门打开，使水箱充满水并保持溢流状态。

（2）微微开启阀 C，使清水在管 B 中缓缓流动。待水流稳定后开启阀 F，将染色水注入管 B 中。此时可见染色水在管 B 中形成细而直的线条，与清水互不掺混，如图 2-3（a）所示。该现象说明此时管 B 中的水流为＿＿＿＿＿＿流态。

（3）逐渐开大阀 C，以提高管 B 中水流速度。当流速达到一定值时，染色细线开始摆动，呈现波浪形，但仍能保持较为清晰的轮廓，如图 2-3（b）所示。继续加大阀 C 开度，可见染色细流与清水发生混合。当流速增至某一数值后，染色水一旦进入水管 B 立即与清水完全混合，如图 2-3（c）所示。该现象说明此时管 B 中的水流为＿＿＿＿＿＿流态。

（a）　　　　　　　（b）　　　　　　　（c）

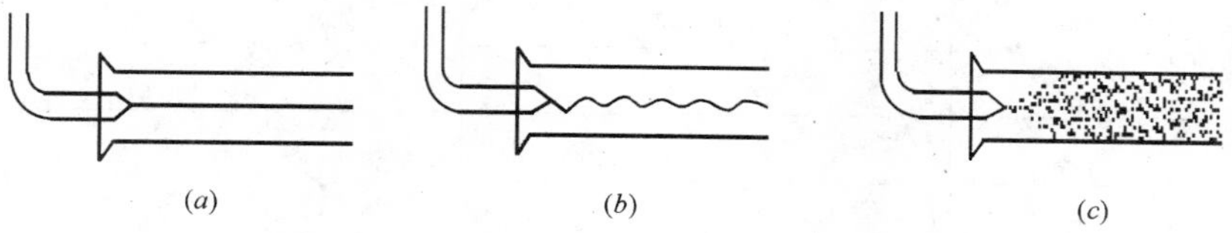

图 2-3　流线

（4）为了保证注入的染色水能确切地反映清水的流态，应注意＿＿＿＿＿＿＿＿＿

_____

按照流量从大到小的顺序进行逆向实验，观察整个过程中流态的变化。用数码相机将各个流态拍摄下来，用于小结。

4.3　Confirm the realation between fluid state and Reynolds Number（确定流态与雷诺数的关系）

（1）To measure the water temperature with thermometer and keep a record.

（2）按照流量从小到大的顺序改变阀 C 的开度，测量不同状态下的流量，并记录下流量和流态。

（3）To repeat these above steps according to the flow from large rate to small rate.

4.4　Matters need attention（注意事项）

（1）在整个实验过程中，要特别注意保持水箱的水位＿＿＿＿＿＿。

（2）每改变一次阀门开度，均应在水流＿＿＿＿＿＿再进行测量流量。

（3）在流动形态转变点附近，流量变化的间隔要尽量_____，以便准确确定_____。

（4）在层流流态时，注意不要碰撞设备，并保持实验环境的_____，以减少_____。

（5）在实验过程中，各小组成员要_____。

4.5 数据处理与结果分析

（1）用计算机绘制雷诺实验数据记录及计算表（格式如表 2-1），并将有关数据填入。

Table above data recording by experimentation and result for Reynolds Number
（雷诺实验数据记录及计算表）　　　　　　　表 2-1

实验管道直径：_____；水温：_____；运动黏度：_____。

实验状态序号	水量(m³)	时间(s)	流量(m³/s)	流速(m/s)	雷诺数	流态

（2）根据实验结果，流态与雷诺数的关系是_____。

（3）将实验测得的临界雷诺数与教材中的相应值进行比较。

5. 评价

任务评分表　　　　　　　　　　　　　　表 2-2

评分项目		分 值	学生自评	教 师 评 分
课前准备	预习与准备知识	30		
实验过程	进行实验的认真程度和主动性	10		
	实验方法和步骤的正确性	10		
	读取数据的准确性	30		
	数据计算的正确性	30		
	实验台的卫生与整洁	10		
	协调能力和合作精神	10		

评分项目		分　值	学生自评	教师评分
实验报告	按时完成	10		
	独立完成情况	10		
	内容的完整性	20		
	结论的正确性	10		
合计	? /180=	180		

6. 小结

学生根据完成项目情况进行技能训练小结，将实验中拍摄的各种流态照片复制粘贴到小结中，总结自己的收获，将实施过程与自己的预期进行比较，分析为什么自己的实验结果与教材上的数据有较大的差距，分析自己技能存在的问题和今后改进的措施，分析与人合作的能力及与别人沟通的能力。

思考题

（1）其他条件一定时，要保持水的层流状态，流速是大一些好还是小一些好？

（2）实验装置不变，改用其他流体介质进行实验，临界雷诺数是否相同？

（3）雷诺实验得出的圆管流动下临界雷诺数为 2320，而目前一般教科书中介绍采用的下临界雷诺数是 2000，原因何在？

流体力学实验（二）：有压管道沿程阻力及局部阻力的测定

1. 任务

分组完成有压管道沿程阻力及局部阻力实验，记录相关参数和数据，对实验数据进行处理，对实验结果进行分析。

2. 教学目的

2.1　专业能力

学生学习测定有压管道中实际流体在不同雷诺数下的沿程损失和沿程阻力系数；测定有压管道中实际流体在不同阀门开度情况下的局部损失和局部阻力系数。

掌握流体压力的测量及压力单位的换算。学习专业英语词汇。

2.2　社会能力和个性能力

学生在工作中细心和协调的能力；注意观察分析问题的能力，善于在实践中运用理论知识；具有群体观念和合作精神。

3. 准备工作

3.1　参考资料

（1）流体力学及泵与风机. 陈礼主编. 高等教育出版社，2005.

(2) 流体力学泵与风机. 白桦主编. 中国建筑工业出版社，2005.

3.2 准备知识

(1) 能量损失可分为＿＿＿＿＿＿和＿＿＿＿＿＿两大类。

(2) ＿＿＿＿＿＿＿＿＿＿＿＿＿＿＿＿＿称为 frictional resistance（沿程阻力），影响沿程阻力的因素有＿＿＿＿＿＿＿＿＿＿，其计算公式为＿＿＿＿＿＿＿＿＿，其中各个符号的含义是＿＿＿＿＿＿＿＿＿＿＿＿＿＿＿＿＿＿＿＿＿

＿＿＿＿＿＿＿＿＿＿＿＿＿＿＿＿＿＿＿＿＿＿＿＿＿＿＿＿＿＿。

(3) ＿＿＿＿＿＿＿＿＿＿＿＿＿＿＿＿＿称为 local resistance（局部阻力），其计算公式为＿＿＿＿＿＿＿＿＿＿＿＿＿＿＿＿，其中各个符号的含义是＿＿＿＿＿＿＿＿＿＿＿＿＿＿＿＿＿＿＿＿＿＿＿＿＿＿＿＿＿＿。

(4) 减少流动阻力的措施有＿＿＿＿＿＿＿＿＿＿＿＿＿＿＿＿＿＿＿＿

＿＿＿＿＿＿＿＿＿＿＿＿＿＿＿＿＿＿＿＿＿＿＿＿＿＿＿＿＿＿。

(5) 测量流体压力的仪表有＿＿＿＿＿＿＿＿＿＿＿＿＿＿＿＿＿＿＿

(6) $0.6\text{MPa} = $ ＿＿＿＿＿ $\text{mH}_2\text{O} = $ ＿＿＿＿＿ bar，$120\text{mH}_2\text{O} = $ ＿＿＿＿＿ MPa ＝ ＿＿＿＿＿ bar

(7) 一根冷却水钢管管径为 125mm，管路长 200m，若冷却水的运动黏度为 $\nu = 1.007 \times 10^{-6}\,\text{m}^2/\text{s}$，钢管的当量粗糙度 $\Delta = 0.046\text{mm}$，管路允许的水头损失为 $3\text{mH}_2\text{O}$，冷却水在钢管中的允许流速范围为 $0.8 \sim 1.5\text{m/s}$，管路中冷却水的最大流速是多少？

＿＿＿＿＿＿＿＿＿＿＿＿＿＿＿＿＿＿＿＿＿＿＿＿＿＿＿＿＿＿＿＿＿＿＿

＿＿＿＿＿＿＿＿＿＿＿＿＿＿＿＿＿＿＿＿＿＿＿＿＿＿＿＿＿＿＿＿＿＿＿

3.3 实验装置

(1) 本实验装置如图 2-4 所示。在本实验装置中，沿程水头阻力和局部水头阻力均可用＿＿＿＿＿＿＿＿＿＿＿＿＿＿＿＿＿＿＿表示。

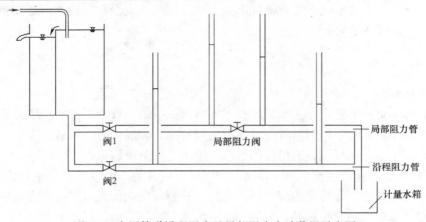

图 2-4 有压管道沿程阻力及局部阻力实验装置示意图

(2) 在本实验装置中，测得流量数值的方法是＿＿＿＿＿＿＿＿＿＿＿＿＿＿

测量流量的目的是＿＿＿＿＿＿＿＿＿＿＿＿＿＿＿＿＿＿＿＿＿＿＿＿＿＿

（3）注意：

1）当换用水银压差计时务必夹紧水压差计连通管；

2）流量每调一次，均需稳定 2~3min，流量愈小，稳定时间愈长；

3）每次测流时段不小于 8~10s（流量大时可短些）；

4）要求变更流量不少于 10 次。

4. 实施步骤

4.1　组成实验小组

该实验小组由 2~3 人组成，熟悉实验设备，制订实验步骤，每组学生自己进行分工：观察、实验记录、实验分析与小结。

4.2　测定沿程阻力和沿程阻力系数

（1）将进水管阀门打开，使水箱充满水并保持溢流状态。

（2）记录有关常数（管长 l、管径 d、水温 t 等）。

（3）关闭局部阻力管阀 1，打开沿程阻力管阀 2，适当调节阀 2 开度，使压差保持大约 $20mmH_2O$ 左右，定作第一测点，记录压差和流量。

（4）逐次开大阀 2，连续测试 6~10 个测点，并记录读数。

4.3　测定局部阻力和局部阻力系数

（1）关闭沿程阻力管阀 2，打开局部阻力管阀 1，并开至最大。

（2）适当确定局部阻力阀开度，使压差读数合适，记录该阀门开度下的压差和流量。

（3）调节局部阻力阀至不同开度，记录不同阀门开度下的压差和流量。

4.4　注意事项

（1）每改变一次阀门开度，均应在水流稳定后才能测量数据。

（2）在实验过程中，各小组内同学之间要分工合作，互相配合。

4.5　数据处理与结果分析

学生在计算机上完成下列表。

（1）将沿程阻力实验测得的数据及相关计算数据填入表 2-3。

Table above data recording by experimentation and result for frictional resistance

（沿程阻力实验数据记录及计算结果表）　　　　　　　表 2-3

实验管段长：_____；直径：_____；水温：_____；运动黏度：_____。

测点序号	水量（m³）	时间（s）	流量（m³/s）	流速（m/s）	雷诺数	沿程阻力（mmH₂O）	沿程阻力系数

(2) 将计算所得的沿程阻力系数与教材或手册中查得的相应值进行比较。

(3) 沿程阻力系数与雷诺数的关系是＿＿＿＿＿＿＿＿＿＿＿＿＿＿。

(4) 将局部阻力实验测得的数据及相关计算数据填入表 2-4。

Table above data recording by experimentation and result for local resistance
（局部阻力实验数据记录及计算表） 表 2-4

实验管段直径：＿＿＿＿＿＿＿

测点序号	水量(m³)	时间(s)	流量(m³/s)	流速(m/s)	局部阻力(mmH₂O)	局部阻力系数

5. 评价

任务评分表 表 2-5

评分项目		分　值	学生自评	教师评分
课前准备	预习与准备知识	30		
实验过程	进行实验的认真程度和主动性	10		
	实验方法和步骤的正确性	10		
	读取数据的准确性	30		
	数据计算的正确性	30		
	实验台的卫生与整洁	10		
	协调能力和合作精神	10		
实验报告	按时完成情况	10		
	独立完成情况	10		
	内容的完整性	20		
	结论的正确性	10		
合计	? /180＝	180		

6. 小结

学生根据完成项目情况进行技能训练小结，包括自己的收获，将计算所得的局部阻力系数与教材或手册中查得的相应值进行比较，分析为什么自己的实验结果与教材上的数据有较大的差距，分析阀门的局部阻力系数与其开度的关系，分析自己技能存在的问题和今后改进的措施，分析与人合作的能力及与别人沟通的能力。

思考题

(1) 当 $Re<2000$ 时，随着雷诺数的增大，沿程阻力系数如何变化？

（2）进行 local resistance（局部阻力）实验时，如果考虑管段的 frictional resistance（沿程阻力），所测的局部阻力系数应该增大还是减小？

（3）将阀门开大，其局部阻力系数如何变化？

水泵实验：离心泵性能曲线测定

1. 任务

分组完成离心泵性能曲线的测定，记录相关参数和数据，对实验数据进行处理，对实验结果进行分析。

2. 教学目的

2.1 专业能力

通过实验了解离心泵的性能参数、测定离心泵性能曲线的方法，认识离心泵的运行特性。正确识读仪表，掌握流体压力和流量的测量。

学习专业英语词汇。

2.2 社会能力与个性能力

学生在工作中细心和协调的能力；注意观察分析问题的能力，善于在实践中运用理论知识与工作中的安全意识；具有群体观念和合作精神。

3. 准备工作

3.1 参考资料

（1）流体力学及泵与风机. 陈礼主编. 高等教育出版社，2005.

（2）流体力学泵与风机. 白桦主编. 中国建筑工业出版社，2005.

3.2 准备知识

（1）Sorts of pumps according to the use（水泵根据用途分类）（分别用中文和英文写出）：_____，Sorts of pumps according to the principle（水泵根据工作原理分类）（分别用中文和英文写出）：_____
_____

The principle of centrifugal pump（离心泵的工作原理）（用中文写出）：_____
_____

（2）The technical data required for the centrifugal pump（离心泵的性能参数）（分别用中文和英文写出）：_____
_____

（3）水泵的理论吸水高度为_____ m，汽蚀余量是_____
_____，
吸程（必需汽蚀余量）是_____，水泵的扬程是_____，计算公式是_____或_____，公式中各个符号的含义是_____

（4）轴功率与电机输入功率关系是＿＿＿＿＿＿＿＿＿＿＿＿＿＿＿＿＿＿＿
＿＿＿＿＿＿＿＿＿＿＿＿＿＿＿＿＿＿＿＿＿＿＿＿＿＿＿＿＿＿＿＿＿＿＿＿＿

（5）有效功率是指＿＿＿＿＿＿＿＿＿＿＿＿＿＿＿＿＿＿＿＿＿。其计算公式
为＿＿＿＿＿＿＿＿＿＿＿＿＿＿＿＿＿＿＿＿＿＿＿＿。

（6）The efficiency for the pump（水泵的效率）：＿＿＿＿＿＿＿＿＿＿＿＿和
＿＿＿＿＿＿＿＿＿＿＿之比。

（7）水泵性能曲线通常是指在一定＿＿＿＿＿＿＿＿＿下，以＿＿＿＿＿＿＿＿为基本
变量，其他各参数随＿＿＿＿＿＿＿＿＿改变而改变的曲线。常用的性能曲线有
＿＿＿＿＿＿＿＿＿、＿＿＿＿＿＿＿＿＿、＿＿＿＿＿＿＿＿＿。

3.3　实验装置

本实验装置如图 2-5 所示。

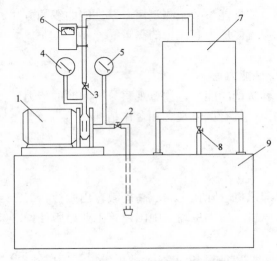

图 2-5　离心泵性能曲线测定实验装置示意图

1—水泵；2—水泵上水阀；3—水泵出水阀；4—压力表；5—真空表；
6—电机输入功率表；7—计量水箱；8—计量水箱放水阀；9—蓄水箱

（1）在本实验装置中，获得流量、扬程、轴功率数值的方法是：

＿＿＿＿＿＿＿＿＿＿＿＿＿＿＿＿＿＿＿＿＿＿＿＿＿＿＿＿＿＿＿＿＿＿＿＿＿

＿＿＿＿＿＿＿＿＿＿＿＿＿＿＿＿＿＿＿＿＿＿＿＿＿＿＿＿＿＿＿＿＿＿＿＿＿

（2）除了本实验中采用的方法，测得流量和轴功率的方法还有：

＿＿＿＿＿＿＿＿＿＿＿＿＿＿＿＿＿＿＿＿＿＿＿＿＿＿＿＿＿＿＿＿＿＿＿＿＿

＿＿＿＿＿＿＿＿＿＿＿＿＿＿＿＿＿＿＿＿＿＿＿＿＿＿＿＿＿＿＿＿＿＿＿＿＿

（3）在本实验中应注意的安全事项是＿＿＿＿＿＿＿＿＿＿＿＿＿＿＿＿＿＿＿

＿＿＿＿＿＿＿＿＿＿＿＿＿＿＿＿＿＿＿＿＿＿＿＿＿＿＿＿＿＿＿＿＿＿＿＿＿

（4）流体压力的单位有：＿＿＿＿＿＿＿＿＿＿＿＿＿＿＿＿＿＿＿＿＿＿＿

（5）同型号的水泵并联时，其扬程＿＿＿＿＿＿＿＿，其流量＿＿＿＿＿＿＿。同

型号的水泵串联时，其扬程_____，其流量_____。

4. 实施步骤

4.1 组成实验小组

该实验小组由3~4人组成，熟悉实验设备，制订实验步骤，提示测量所需仪器清单，每组学生自己进行分工：观察、实验记录、实验分析与小结。

4.2 熟悉实验设备与实验前准备

（1）熟悉实验设备，熟悉测量仪表的刻度单位，制订安全注意事项。

（2）记录必要的数据。

（3）将蓄水箱充满水和进行灌泵工作。

4.3 单台水泵的运行和测量

（1）启动水泵，待转速稳定后测读压力表读数和真空表读数，并记录。

（2）略开水泵出水阀，水流稳定后测读压力表读数、真空表读数、流量和电功率表（或直接测量水泵电机的电流与电压，然后计算功率）读数，并记录。

（3）逐次开大水泵出水阀，重复上述步骤测读相应工况下的数据，并记录。

（4）测读完毕后，关闭水泵出水阀，然后停泵。

4.4 多台水泵的运行和测量

（1）多台水泵并联或串联的连接。

（2）按单台水泵运行的步骤进行测量。

4.5 注意事项

（1）离心泵应闭阀启动，闭阀停车。

（2）运行中要随时注意检查各个仪表是否正常、稳定。

（3）每次调节水泵出水阀后，一定要等压力表指针稳定后再进行读数。

4.6 数据处理

将实验测得的数据及相关计算数据填入表2-6，并将以下各组数据点标在同一坐标图上，并连接成光滑曲线。

Table above data recording by experimentation and result for centrifugal pump

（离心泵性能曲线测定实验数据记录及计算表）　　　　表2-6

工况序号	压力表读数（MPa）	真空表读数（MPa）	扬程（MPa）	流量（m³/s）	电机输入功率（kW）	轴功率（kW）	效率（％）

4. 7　Translate the following into Chinese

A **pump** is a device used to move fluids，such as gases，liquids or slurries. A pump displaces a volume by physical or mechanical action. One common misconception about pumps is the thought that they create pressure. Pumps alone do not create pressure；they only displace fluid，causing a flow. Adding resistance to flow causes pressure. Pumps fall into two major groups：**positive displacement** pumps and **rotodynamic pumps**. Their names describe the method for moving a fluid.

A centrifugal pump is a rotodynamic pump that uses a rotating impeller to increase the pressure of a fluid. Centrifugal pumps are commonly used to move liquids through a piping system. The fluid enters the pump impeller along or near to the rotating axis and is accelerated by the impeller，flowing radially outward into a diffuser or volute chamber，from where it exits into the downstream piping system. Centrifugal pumps are used for smaller discharge through larger heads.

5. 评价

任务评分表 表 2-7

	评分项目	分　值	学生自评	教师评分
课前准备	预习与准备知识	30		
实验过程	进行实验的认真程度和主动性	10		
	实验方法和步骤的正确性	10		
	读取数据的准确性	30		
	数据计算的正确性	30		
	协调能力和合作精神	10		
	实验台的卫生与整洁	10		
	安全注意事项的制订与遵守	10		
实验报告	按时完成情况	10		
	独立完成情况	10		
	内容的完整性	20		
	结论的正确性	10		
	翻译	10		
合计	？/200＝	200		

6. 小结

学生根据完成项目情况进行技能训练小结，提高利用离心泵的性能曲线分析离心泵的运行特性的能力，分析自己技能存在的问题和今后改进的措施，分析与人合作的能力及与别人沟通的能力。

思考题

（1）为什么离心泵开机前要进行灌泵工作？

（2）结合离心泵的性能曲线说明为什么离心泵要关阀启动？

项目三 管道安装技能

（一）制作钢管螺纹连接工件

1. 任务

独立完成图 3-1 所示镀锌管道螺纹连接的工件，并进行水压试验（强度试验和密封性试验）。表 3-1 为有关管段的管径。

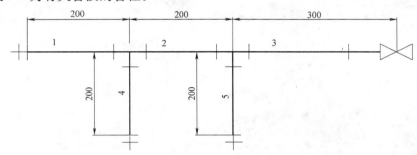

图 3-1 制作工件示意图

工件有关管段的管径					表 3-1
管号	1	2	3	4	5
管径	DN25	DN20	DN15	DN20	DN15

2. 教学目的

2.1 专业能力

熟悉套丝机具的种类（固定铰板、可调铰板、套丝机）、结构名称，掌握各种套丝机具的使用方法；掌握所使用管件的名称和作用。

能够根据安装图对螺纹连接的管段正确下料；掌握正确套丝的方法，掌握钢管螺纹正确连接的步骤和要求。

掌握管道压力试验的步骤和要求。

2.2 社会能力和个性能力

培养学生独立、细心工作的能力，培养质量意识和安全意识，培养自我控制和自我评价的能力。

3. 准备工作

3.1 参考资料

（1）管道工初级技能. 杜渐主编. 高等教育出版社，2005.

（2）建筑给水排水供热通风与空调专业实用手册. 杜渐主编. 中国建筑工业出版社，2004.

（3）管工（初级工、中级工）. 劳动和社会保障部中国就业培训技术指导中心. 中国城市出版社，2003.

3.2　准备知识

（1）手动套丝机具有固定铰板（图 3-2）和可调式铰板（图 3-3），熟悉其结构。在教师的指导下，学会更换固定铰板的板牙头和调节板牙头的转动方向；学会拆卸、清洗和装配可调式铰板；学会更换和调节板牙；学会调节可调式铰板的转动方向。

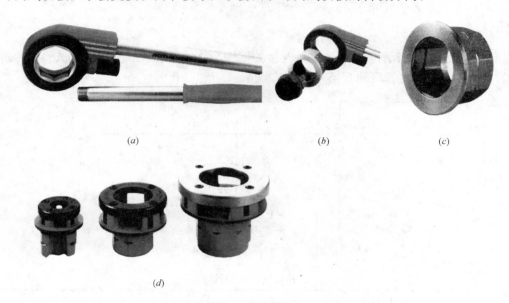

(a)　　　　　　　　　　　(b)　　　　　　　　(c)

(d)

图 3-2　固定铰扳

（a）固定板牙架；（b）板牙头、适配器和板牙架（有些公司产品需要）的组装；

（c）适配器；（d）不同尺寸的板牙头

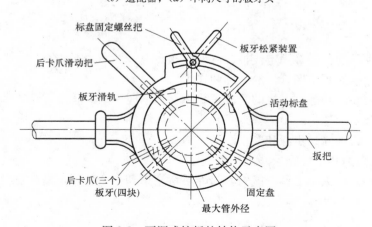

图 3-3　可调式铰板的结构示意图

（2）套丝也可以采用套丝机械，套丝机械有手提式和落地式（图 3-4）。熟悉落地式套丝机的结构。在教师的指导下，学会更换不同管径的板牙、安装固定要套丝的管子、启

24

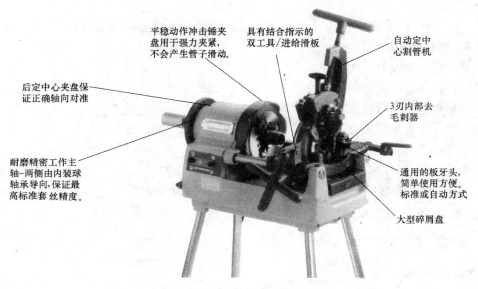

图 3-4　小型套丝机

注：该套丝机采用标准板牙头自动板牙头

动套丝机、去毛刺、切断管子和关闭套丝机。用套丝机套丝时应注意：＿＿＿＿＿＿＿＿＿

＿＿

（3）钢管的切割可以采用锯子和割刀。DN15 的钢管不能使用割刀下料的原因是：＿＿＿＿＿＿＿＿＿＿＿＿＿＿＿＿＿＿＿＿＿＿＿＿＿＿＿＿＿＿＿＿＿＿＿＿＿

＿＿

无论采用锯子还是割刀切断钢管时都会产生毛刺，毛刺会＿＿＿＿＿＿＿＿＿＿＿＿＿＿＿因此应用刮刀将毛刺清除掉，也可以采用专门的钢管手动铰刀，其结构如图 3-5 所示。

（4）螺纹连接管段的测量基点应从管件中心至管件中心（长度以 M 表示），管子的下料长度计算见图 3-6，公式为：$L=M-(z+z_1)$。

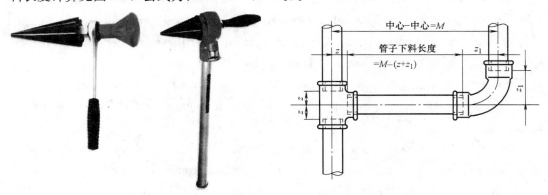

图 3-5　钢管手动铰刀　　　　　　图 3-6　螺纹连接管子的下料计算

（5）套丝时需要经常向板牙头加机油的理由是＿＿＿＿＿＿＿＿＿＿＿＿＿＿＿＿＿＿

注意：1）由于常用的机油来自石油产品，在加工用于给水的管子时会污染管内水质，最好选用植物油。

2）手动套丝时，在铰扳的正下方应放置集油盘，以防机油落到地面，导致滑倒和污染环境。

（6）钢管螺纹连接的步骤是：

1）用锯条将套好丝的螺纹刮毛，目的是_____

2）将准备好的麻丝沿管件旋紧方向缠好，目的是_____

3）用钢丝刷沿管件旋紧方向梳理麻丝，目的是_____

4）将管件旋到管子上，同时检查各管段尺寸是否准确、管件方向是否正确；

5）将连接部位多余的麻丝清理干净。

（7）给水管道在水压试验时，应在系统最高点设置_____，水压试验时先将其开启，当有水平稳流出后将其关闭。给水管道强度试验压力是_____MPa，保持压力_____min；给水管道密封性试验压力为_____MPa，保持压力_____min。水压试验时，水的温度应_____于环境温度，原因是_____
_____

（8）钢管的种类有_____
钢管的连接方式与适用范围分别为_____
_____

（9）镀锌钢管不适合用于给水管道的原因是_____
_____

镀锌钢管一般应用于_____

（10）Translate the following into Chinese：

EU Imposes Tariffs on Imports of Steel Pipe From China

BRUSSELS—European Union trade officials approved pre-emptive penalties on imports of steel pipe from China, a precedent-setting move that suggests the trading bloc is growing more protectionist in the face of the economic downturn.

Tuesday's vote by trade officials from the EU's 27 member states is significant, say trade experts, because they accepted an argument from steel producers—including the world's largest by volume, ArcelorMittal—that punitive tariffs are needed to protect them from the threat of underpriced imports from China.

Previously, complainants have had to prove the imports had already hurt their businesses. Trade lawyers say they expect a host of industries to ask the EU for protective tariffs in August.

The case also concerns one of the steel sector's most important finished products. Seamless steel pipes are major parts in housing construction, gas and oil plants and the automotive industry. The vote was close, according to EU officials familiar with the matter, although they declined to reveal the final tally.

After clearing procedural hurdles, the duties, which will range from 17.7% to 39.2%, are expected to take effect in October and last five years, EU officials said. Temporary duties of up to 24.2% have been in place since April.

Chinese officials say they are preparing a case at the World Trade Organization against the EU and the U. S. over steel tariffs. On Monday, the Chinese Ministry of Commerce issued a statement saying it was "gravely concerned" about antidumping duties on Chinese imports in the U. S. and the EU.

4. 实施步骤

4.1 计算

（1）计算各管段的下料长度，将计算步骤和计算结果填空：

$l_1 =$ _____

$l_2 =$ _____

$l_3 =$ _____

$l_4 =$ _____

$l_5 =$ _____

（2）预计自己工件完成的时间。

4.2 制订领料单

在计算机上绘制表格，开列出钢管加工和连接工具/设备、材料的清单，经实训教师签字后到仓库保管员处领取。

工具/设备清单　　　　　　　　　　　　　　　　　　　　　　表 3-2

工具/设备名称	数量	工具/设备名称	数量	工具/设备名称	数量

借领人：　　　　　　　批准人：　　　　　　　借领时间：　　年　　月　　日

材料清单　　　　　　　　　　　　　　　　　　　　　　表 3-3

管材直径(DN)	长度(m)	管件与附件名称(DN)	数量(个)	管件与附件名称(DN)	数量(个)

借领人：　　　　　　　批准人：　　　　　　　借领时间：　　年　　月　　日

4.3 加工与验收

（1）下料、套丝与连接。

（2）检验安装尺寸，进行水压试验。

（3）验收合格后，将工件拆卸完毕，分类堆放。

（4）清洁和整理工具，归还到仓库保管员处。

5. 评价

评分项目	分值	说　明	学生自评	教师评分
工具清单	10	工具列全者为 10 分,工具多或少 1 项为 5 分,工具多或少 2 项为 2 分,多或少 3 项为 0 分;材料富余量<5% 为 10 分,富余量在 5%～10% 为 5 分,富余量>10% 为 0 分		
材料清单	10			
管段 1 尺寸	10	尺寸≤±1mm,为 10 分 尺寸≤±3mm,为 5 分 尺寸>±3mm,为 0 分		
管段 2 尺寸	10			
管段 3 尺寸	10			
管段 4 尺寸	10			
管段 5 尺寸	10			
工件平整度	10	工件不平整为 0 分		
工件外观	10	麻丝清理干净、工件无明显伤痕为 10 分,有一处明显伤痕为 5 分,否则为 0 分		
露出螺纹	10	外露螺纹 1～2 扣为 10 分,3 扣为 5 分,超过 3 扣为 0 分		
套丝	10	螺纹完整为 10 分,1～2 扣烂牙为 5 分,否则为 0 分		
工位整洁	10	整洁为 10 分,不整洁为 0 分		
水压强度试验	10	水压试验一次合格为 10 分,经修理后二次合格为 5 分,否则为 0 分		
密封性试验	10			
工具使用与操作整体印象	10	工具操作的正确,按 10、5、0 给分		
工件拆卸	10			
工具整理	10	工具擦洗干净,保管员满意者为 10 分;经保管员提醒擦洗干净者为 5 分;保管员不满意者为 0 分		
翻译	20			
总分	190	? /190=		

6. 小结

　　学生根据完成项目情况进行技能训练小结,分析钢管的特性、连接方法和加工工具;分析钢管安装尺寸误差的原因,使用管钳旋紧管件时应注意事项,影响钢管连接密封性的主要因素;如何鉴别伪劣的镀锌钢管;分析水压试验的重点;将实施过程与自己的预期进行比较,分析自己技能存在的问题和今后改进的措施;分析与人合作的能力及与别人沟通的能力。

(二) PP-R 管熔焊连接与熔焊质量的分析
铜管弯制和钎焊连接

1. 任务

　　1.1　独立完成图 3-7 所示 PP-R 管热熔连接工件的制作每个管段熔焊时间见表 3-5;

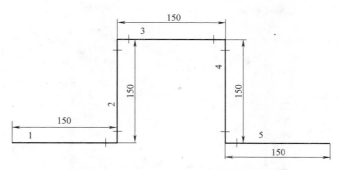

图 3-7　PP-R 管工件示意图

最后进行破坏试验，将每个连接管件沿轴线方向锯开，检查熔焊质量。

PP-R 管熔焊时间　　　　　　　　　　　　　　表 3-5

管号	1	2	3	4
管径	$DN15$	$DN15$	$DN15$	$DN15$
熔焊时间	4s	5s	10s	20s

1.2　铜管工件的制作

每个学生按图 3-8 独立弯制 15mm×1mm 的硬铜管。

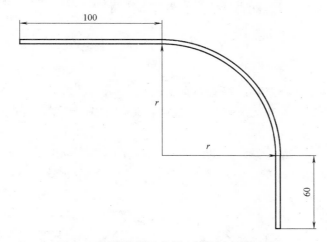

图 3-8　铜管弯制示意图（r 根据弯模尺寸）

1.3　四人一组，在每人弯制的上述工件端部用扩管器制造承口，并钎焊连接（采用钎焊中的软焊）在一起，组装成图 3-9 所示形状。

2. 教学目的

2.1　专业能力

熟悉 PP-R 管下料的工具和计算方法，掌握 PP-R 管的熔焊原理和连接工艺，分析 PP-R 管熔焊中容易发生的错误。

熟悉铜管下料的工具，熟悉铜管弯制的工具和下料计算方法，熟悉钎焊中软焊的工

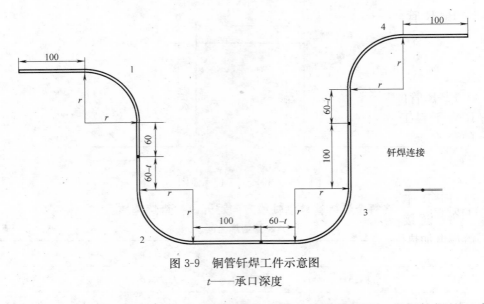

图 3-9　铜管钎焊工件示意图

t——承口深度

具，熟悉钎焊的工作原理；掌握用扩管器制作铜管管件的操作规程，掌握软焊的正确操作规程；注意避免钎焊中可能发生的事故。

2.2　社会能力和个性能力

培养学生的灵活性、思维能力、分析能力和团队精神。

3. 准备工作

3.1　参考资料

（1）管道工初级技能. 杜渐. 高等教育出版社，2005.

（2）管工（初级工、中级工）. 劳动和社会保障部中国就业培训技术指导中心. 中国城市出版社，2003.

（3）建筑给水排水系统安装. 杜渐. 高等教育出版社，2006.

（4）上海罗森博格机电有限公司网址：www. rothenberger. cn.

（5）因特网的搜索引擎.

3.2　准备知识

（1）PP-R 管的中文全称是_____，根据使用的介质温度分为_____，它们的标志分别是_____。

（2）PP-R 的密度大约为_____ kg/m³，PP-R 管的工作温度范围是_____℃，其最大工作温度约在_____℃，其软化点约在_____℃，线胀系数较大，为_____ mm/(m·℃)，在明装或非直埋暗敷布管时必须采取防止管道_____变形的技术措施。_____ PP-R 管用于冷水（≤40℃）系统时，选用 PN＝_____～_____ MPa 的管材、管件；用于热水系统时选用 PN≥_____ MPa 的管材、管件。PP-R 管长期受紫外线照射易老化降解，安装在户外或阳光直射处必须包扎深色防护层。PP-R 管一般用于_____

（3）PP-R 管较金属管硬度_____、刚性_____，在搬运、施工中应加以保护，避免不适当外力造成机械损伤。在暗敷后要标出管道位置，以免二次装修破坏管道。

（4）PP-R 管的下料工具：$DN \leqslant 32$mm 以下的 PP-R 管下料工具一般采用_____，$DN > 32$mm 的管子一般采用_____，图 3-10 所示的切割器为德国罗森博格机电有限公司产品，可剪切外径 42mm 以下的塑料管。

（5）PP-R 管一般采用_____方法或_____方法连接，熔焊用的机具电加热器见图3-11：熔焊电加热器两侧分别安有加热_____内表面的阳模棒和加热_____外表面的阴模槽（图 3-12）。

图 3-10　PE、PP、PEX、PB 和 PVDF 管子下料专用剪

图 3-11　PP-R 管熔焊电加热器

图 3-12　PP-R 管熔焊电加热器的阳模棒（左侧，加热管件内口）和阴模槽（右侧，加热管子外口）

（6）PP-R 管的熔焊加工参数（表 3-6）。

PP-R 管热敷深度和加热时间　　　　　　　表 3-6

DN	15	20	25	32	40	50	65	80	100
热敷深度(mm)	14	16	20	21	22.5	24	26	32	38.5
加热时间(s)	5	7	8	12	18	24	30	40	50
加工时间(s)	4	4	4	6	6	6	10	10	15
冷却时间(s)	3	3	4	4	5	6	8	8	10

（7）Translate the following into Chinese

45°Elbow

90°Elbow

Reducing Tee

Female Thread Elbow With Ear

Male Thread Elbow With Ear

Straight Tee

Cross Tee

Flange Slice

End Cap

Socket

Reducing Socket

Union (Metal)

Female Thread Tee

Female Thread Socket

Female Thread Elbow

Union (Plastic)

Step Over Bend

Threaded End Plug

Reducing Elbow

Union With Male Thread End (Metal)

Male Thread Tee

Male Thread Socket

Male Thread Elbow

Low-Foot Pipe Clip

High-Foot Pipe Clip

Saddle Pipe Clip

Light Pipe Clip

High V-Adjustable Pipe Clip

Metal Pipe Clip

Step Over Band (Short)

V-Adjustable Pipe Clip

PP-R Luxury Stop Valve

PP-R Stop Valve Ⅰ

PP-R Ball Valve With Plastic Ball

PP-R Stop Valve Ⅲ

PP-R Ball Valve With Brass Ball (For Hot Water)

PP-R Stop Valve Ⅱ

Brass Single Union Ball Valve With PP-R Socket

Brass Double Union Ball Valve With PP-R Socket

PP-R Ball Valve With Brass Ball (For Cool Water)

(8) Read the following essay and translate into Chineses please：

PHYSICAL CHARACTERISTICS OF COPPER

Native copper (copper found in a chemically uncombined state) has been mined for centuries and now is all but depleted as an economically viable ore. Other copper minerals are far more economical to mine and purify into metallic copper that is used for wiring, electrical components, pennies and other coins, tubing and many other applications. Native copper is still found in limited quantities in once-active mining regions. These finds are now valuable as minerological specimens and ornamental pieces. Fine specimens only rarely demonstrate crystal faces and these are prized above otherwise similar specimens.

Color is copper colored with weathered specimens tarnished green.

Luster is metallic.

Transparency is opaque.

Crystal System is isometric; 4/m bar 3 2/m.

Crystal Habits include massive, wires and arborescent or branching forms as the most common, whole individual crystals are extremely rare but when present are usually cubes and octahedrons. Occasionally, massive forms will show some recognizable crystal faces on outer surfaces.

Cleavage is absent.

Fracture is jagged.

Streak is reddish copper color.

Hardness is 2. 5-3.

Specific Gravity is 8. 9+(above average for metallic).

Associated Minerals are silver, calcite, malachite and other secondary copper minerals.

Other Characteristics: ductile, malleable and sectile, meaning it can be pounded into other shapes, stretched into a wire and cut into slices.

Notable Occurrences include Michigan and Arizona, USA; Germany; Russia and Australia.

Best Field Indicators are color, ductility and crystal habit.

(9) 铜是一种有色金属，也是重金属，其密度为_____ kg/m³，延展性_____。紫铜管一般分为软铜管和硬铜管，采用_____方法可以将硬铜管转化成软铜管。铜管的连接方法与适用范围为_____
紫铜管一般用于_____

_____

(10) 铜管的管径表示方法为_____。外径在 42mm 以下的铜管下料一般采用割刀（图 3-13），外径大于 42mm 的铜管采用锯割。铜管在下料后，应用刮刀（图3-14）清除_____。

(11) 铜管的_____性好，易于弯曲，自行弯制管段可以消除采购和储存管件的成本，减少50％的焊接，减少接头，增加管道运行的安全性。铜管弯管器见图 3-15。

(12) 铜管弯制 90°弯头时，弧长计算公式为_____，为了便于操作，铜管在弯制时的最小夹持长度是_____ mm、弯臂端最少应留出_____ mm （图3-15）。为了防止铜管在弯制时横截面变形，最好在铜管内穿入合适的弹簧，同时在弯制

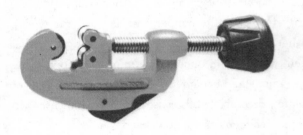

图 3-13　铜管割刀（不能用于
切割普通钢管和不锈钢管）

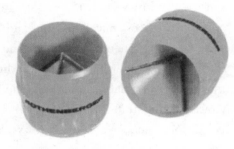

图 3-14　铜管去内、外毛刺的刮刀

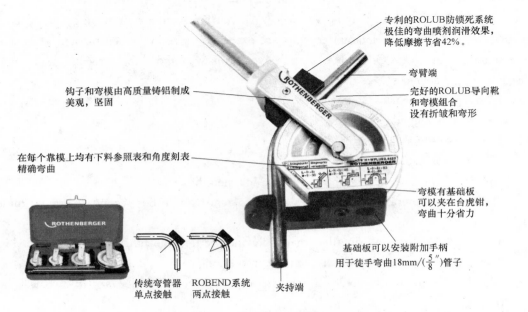

专利的ROLUB防锁死系统
极佳的弯曲喷剂润滑效果，
降低摩擦节省42%。

弯臂端

钩子和弯模由高质量铸铝制成
美观，坚固

完好的ROLUB导向靴
和弯模组合
设有折皱和弯形

在每个靠模上均有下料参照表和角度刻表
精确弯曲

弯模有基础板
可以夹在台虎钳，
弯曲十分省力

基础板可以安装附加手柄
用于徒手弯曲18mm/($\frac{5}{8}$″)管子

传统弯管器
单点接触

ROBEND系统
两点接触

夹持端

图 3-15　手工弯管器

注：适用范围为 $\phi8\sim\phi22$ 的软、硬薄壁铜管，$\phi10\sim\phi18$ 的薄壁涂覆铜管，$\phi8\sim\phi22$ 的铝管和
黄铜管，$\phi10\sim\phi22$ 的精密钢管和涂覆钢管，$\phi8\sim\phi22$ 的无缝不锈钢管。

过程中向弯曲部位喷润滑剂。因铜管有较强的弹性，实际弯制时的角度应比要求的角度
_____，才能使弯管的角度符合要求。

（13）钎焊的工作原理是：将与焊件不同成分且熔点比焊件材料低的钎料放在被焊金
属接缝的间隙内或间隙附近，使钎料熔化，通过_____作用填满接缝间隙，冷却后形成
牢固的接头。根据钎料的工作温度，钎焊分为软焊（软钎料的熔点在_____℃以下）和
硬焊（硬钎料的熔点在_____℃以上）。

（14）为了保证毛细管作用，钎焊时的接缝间隙不能太_____，应保持在 0.05～
0.3mm。铜管常用的软钎料型号有_____、硬钎料型号
有_____。

（15）火焰软焊用的气体一般采用_____气。图 3-16 为手提便携式焊枪、气罐和辅
助工具，图 3-17 为常用钎焊焊枪、气瓶与辅助工具。钎焊时为了冷却工件，应准备一个

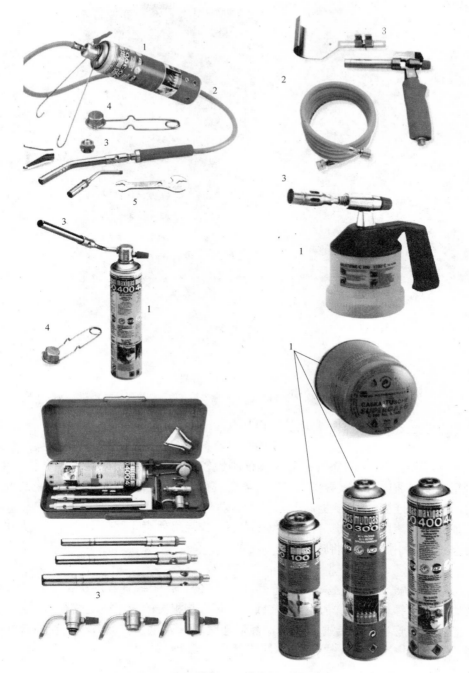

图 3-16　手提便携式钎焊焊枪、气罐与辅助工具
1—气罐；2—连接软管；3—焊枪；4—点火器；5—固定扳手

水桶和湿抹布。为了防止钎焊时火灾的发生，应准备_____灭火器，不能使用_____
灭火器，原因是_____。

　　（16）为了改善毛细管的润湿作用，在软焊前需用砂纸将管端和管件承口内
_____，并涂以钎焊剂。钎焊剂的作用是

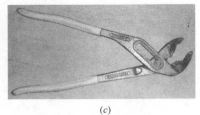

图 3-17　常用软焊器具

(a) 软焊焊枪；(b) 液化气瓶与阀组；(c) 附件钳（用于夹取和放置炽热的工件）

_____，常用的钎焊剂有_____。钎料的作用是_____，常用的软焊钎料有_____。

(17) 软焊的步骤见图 3-18。因为铜管刚性较钢低，在运输或堆放时容易产生变形，所以铜管在安装前应检查其端部，必要时需要进行整圆，以免影响连接处的密封性。软焊加热时，应加热连接承口与插口周围，不可以将火焰对准钎料，原因是_____。钎焊完成后，严禁用手取放工件，以免烫伤手，应用附件钳［见图 3-17 (c)］夹住放入冷水中冷却；然后用湿抹布将连接处_____，以避免_____。

(18) 制作铜管承口的工具为扩管器（图 3-19），使管段连接时无需管件，节省时间和劳动力，减少钎料和钎焊时间（在实践中，可以将报废的管子转变成有用的管件。这里需要注意：硬铜管不能直接进行扩管，否则会胀裂！因此在扩管前应将硬铜管加热至暗红，然后在空气中冷却退火软化）。不同管材扩管尺寸见表 3-7。

不同管材扩管尺寸　　　　　　　　　　　　　　　　　　　　表 3-7

管外径(mm)		8	10	12	14	15	16	18	20	22
最大管壁厚(mm)	铜	1.0	1.0	1.2	1.2	1.2	1.2	1.2	1.2	1.2
	铝	1.0	1.0	1.2	1.2	1.2	1.2	1.2	1.2	1.2
	钢	1.0	1.0	1.2	1.2	1.2	1.2	1.2	1.2	1.2
A［图 3-19(b)］		6.0	10.0	12.6	12.6	15.5	15.5	17.5	17.5	20.5

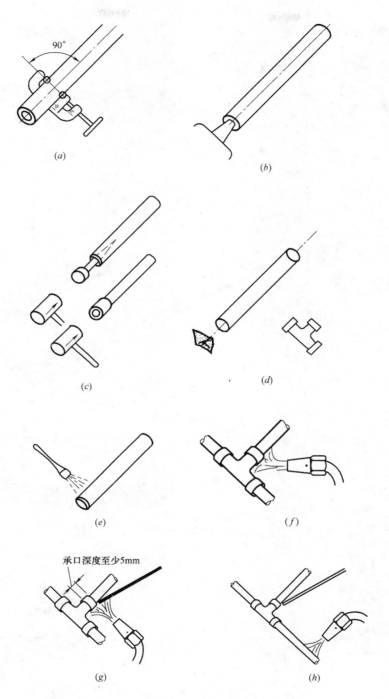

图 3-18　铜管软焊步骤

(a) 刀割下料；(b) 去毛刺；(c) 整圆；(d) 用砂纸将管件与管端擦亮；

(e) 涂料焊剂；(f) 火焰加热；(g) 硬焊；(h) 软焊

　　但是要注意：不能领错或购错扩口工具，图 3-20 为制作 45°扩喇叭口工具，这是用于铜管卡套连接的，而非钎焊承口的扩管器。

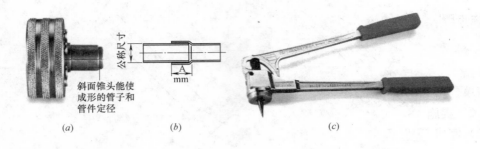

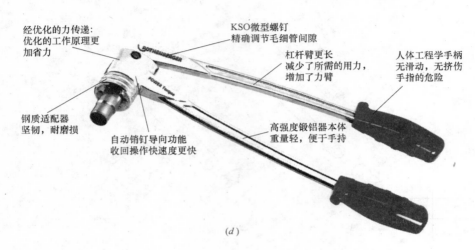

图 3-19　铜管扩管器

(a) 扩管器头；(b) 扩管尺寸（表3-7）；(c) 扩管器；(d) 扩管器胀管示意图

图 3-20　标准扩喇叭口工具

注：用于制作45°单层喇叭口；

用于壁厚可达1mm的铜管，库尼费尔铜镍铁合金，黄铜，铝和精确钢管，是空调制冷和汽车工业的理想便携工具。

图 3-21　通用扩喇叭口工具

注：在铜管上精确到45°扩管；

组套包括：在塑料盒内直径为 $4\sim16mm$，$\frac{3''}{16}\sim\frac{5}{8}$ 的通用扩喇叭工具。

4. 实施步骤

4.1 制表

根据1.2（图3-8）和1.3（图3-9）进行下料计算，在计算机上制表完成材料清单和工具清单。

4.2 实施

（1）完成PP-R管和铜管两个工件，随时注意记录完成每个管件的连接时间。

（2）进行水压试验。

（3）对PP-R管所有的弯头沿管轴线方向锯开，测量和比较熔焊形成的环形毛刺。

5. 评价

PP-R管熔焊连接任务评分表 　　　　　　　　　　　表3-8

序　号	评价项目	分　数	学生自评	教师评分
1	工艺步骤的制定	10		
2	材料工具清单	10		
3	材料工具领用	10		
4	下料尺寸的计算	10		
5	PP-R管的剪割	10		
6	PP-R管的加热与熔焊	10		
7	管道连接的平整度	10		
8	管道连接的角度	10		
9	安装尺寸	10		
10	熔焊外观	10		
11	水压试验	10		
12	与人合作能力	10		
13	安装整体印象	10		
14	安全	10		
15	文明施工	10		
16	English	10		
合计	？/160＝	160		

注：1. 安装尺寸<2mm，得10分；2mm≤安装尺寸<4mm，得5分；安装尺寸≥4mm，得0分。

　　2. 水压试验合格为10分，渗漏为0分。

铜管弯制与钎焊连接任务评分表 　　　　　　　　　　表3-9

序　号	评价项目	分　数	学生自评	教师评分
1	工艺步骤的制定	10		
2	材料工具清单	10		
3	材料工具领用	10		
4	下料尺寸的计算	10		

序　号	评价项目	分　数	学生自评	教师评分
5	铜管的弯制操作	10		
6	弯头角度	10		
7	铜管弯制截面的变形情况	10		
8	铜管承口的制作	10		
9	铜管的下料与钎焊准备	10		
10	铜管的钎焊连接	10		
11	安装尺寸	10		
12	钎焊外观	10		
13	水压试验	10		
14	英语阅读	20		
15	与人合作能力	10		
16	安装整体印象	10		
17	安全	10		
18	文明施工	10		
合计	？/190=	190		

注：1. 安装尺寸＜2mm，得10分；2mm≤安装尺寸＜4mm，得5分；安装尺寸≥4mm，得0分。
　　2. 水压试验合格为10分，渗漏为0分。

6. 小结

　　根据实训结果、网上搜索与市场调研，用计算机制表进行各种给水管材的性价比较。表中的管材与性能可以自行增加。各组讨论性价综合比，在选择给水管材时，哪些管材优势比较大？在全班公布本组讨论的结果。

给水管材性价表　　　　　　　　　　　　　　表 3-10

序号	管材名称	管材符号	下料方法	连接形式	加工时间	刚性	韧性	防火性	管道阻力	耐腐蚀性	寿命	价格	美观
1	镀锌钢管												
2	聚丙烯管												
3	铝塑复合管												
4	聚氯乙烯管												
5	铜管												
6	聚乙烯管												
7	衬里镀锌钢管												
8													
9													

（三）管道综合练习

1. 任务

　　一个客户想进行管道改造，欲将管道（接头处见图 3-22 右下端）连接到有关设备处

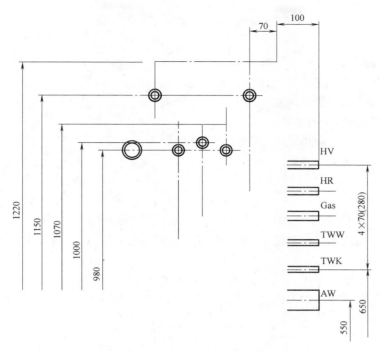

图 3-22 管道连接和设备连接位置图

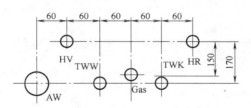

图 3-23 设备连接处尺寸详图

（图 3-22 上部，详见图 3-23）。客户希望管道如下安装：

燃气管道采用螺纹连接的镀锌钢管，给水冷水管采用软焊连接的铜管，热水管采用软焊连接的铜管，采暖管道采用挤压式连接的复合管，排水管采用粘接的 PVC 管。给水管在转折处尽可能弯制，管段末端应安内螺纹管件或承口。管道敷设不能十字交叉！

（1）在每张独立的图纸上设计各种管材安装管线，并计算下料长度。

（2）管道中-中的距离为 70mm，确定材料清单（不包括管卡）和工具清单。

（3）在现场进行管道安装。

管道符号和管径尺寸   表 3-11

序号	符号	名　　称	管　材	连 接 形 式	管　径
1	HV	采暖供水管	铝塑管	挤压式连接	DN15
2	HR	采暖回水管	铝塑管	挤压式连接	DN15
3	Gas	燃气管	镀锌钢管	螺纹连接	DN20
4	TWW	给水冷水管	铜管	软焊连接	15×1
5	TWK	给水热水管	铜管	软焊连接	15×1
6	AW	排水管	PVC 管	粘接连接	DN50

2. 教学目的

2.1 专业能力

熟悉不同管材下料的工具、计算方法和连接工艺。

综合考虑不同用途管道的敷设原则和空间排列。

2.2 社会能力和个性能力

培养学生的灵活性、思维能力和独立工作的能力。

3. 准备工作

3.1 参考资料

（1）管道工初级技能. 杜渐. 高等教育出版社，2005.

（2）管工（初级工、中级工）. 劳动和社会保障部中国就业培训技术指导中心. 中国城市出版社，2003.

（3）建筑给水排水系统安装. 杜渐. 高等教育出版社，2006.

（4）上海罗森博格机电有限公司网址：www.rothenberger.cn.

（5）因特网的搜索引擎.

3.2 准备知识

（1）冷水管和热水管水平敷设的原则是＿＿＿＿＿＿＿＿＿＿＿＿＿＿＿＿；冷水管和热水管垂直敷设的原则是＿＿＿＿＿＿＿＿＿＿＿＿＿＿；给水管和排水管水平敷设的原则是＿＿＿＿＿＿＿＿＿＿＿＿＿＿。

（2）铜管 90°弯头弧弯长度为 $R \times 1.57$，R 为弯制模的半径。求图 3-24 中的铜管展开长度。＿＿＿＿＿＿＿＿＿＿＿＿＿＿＿＿＿＿＿＿＿＿＿＿＿＿＿＿＿＿＿＿＿＿＿＿＿

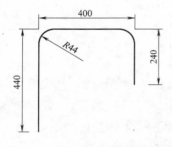

图 3-24　铜管弯制尺寸计算

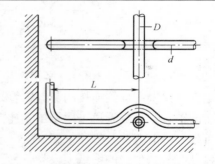

图 3-25　两根管子十字交叉通过抱弯避让

（3）当两根管子在空间十字交叉时，需要通过一个抱弯避开（图 3-25）。抱弯由一个90°弯头和两个 45°弯头组成。抱弯的基本尺寸和名称见图 3-26。

（4）弯制时先弯 90°弯头，然后弯制两个 45°弯头（图 3-27）。计算公式如下：

$$AW = d/2 + D/2 + z$$
$$z = AW/4$$

式中　d——弯管管径，

　　　D——要避让管管径，

　　　z——余量。

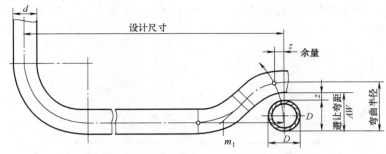

图 3-26　抱弯基本尺寸和基本名称

注：m_1 为第 1 个 45°弯头中点

（5）抱弯制作步骤

1）在管段上划 90°弯头弯制线（图 3-27）：先确定 90°弯头的中心点，量取 $L_1=L+z$，M 点即为弯头的中心点；计算 90°弯头的弧长＝$R×1.57$，从中心点向两侧划线、各为弧长的一半，即 $R×1.57/2$。

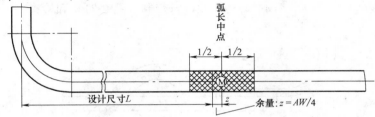

图 3-27　划 90°弯头弯制线

2）弯制 90°弯头（图 3-28）。

3）划 45°弯头弯制线（图 3-29）：用角尺如图对正 90°弯头，使角尺外边与 90°弯头中心点的距离保持长度为 AW，并反复测量和调整弯头两侧的长度；当调整好后，在管子上划线，与管子中心线的交点为 45°弯头中心点；计算 45°弯头弧长长度＝$1.57×R/2$，由该中心点向两侧划线，各为弧长的一半，即 $R×1.57/4$。

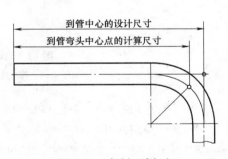

图 3-28　弯制 90°弯头

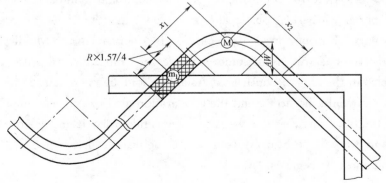

图 3-29　弯制 45°弯头划线

注：m_1 为第 1 个 45°弯头中点

4）弯制第一个 45°弯头，检查其尺寸（图 3-30）。检查 AW 长度时只需量 90°弯头和直管段的内侧即可。

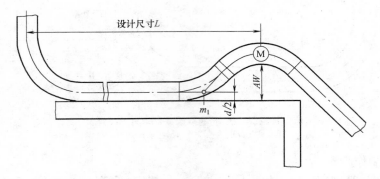

图 3-30　弯制和检查第一个 45°弯头
注：m_1 为第 1 个 45°弯头中点

5）按同样方式划线第二个 45°弯头，并进行弯制（图 3-31）和检查其尺寸。

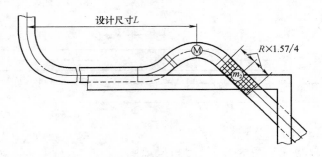

图 3-31　划线和弯制第二个 45°弯头
注：m_2 为第二个 45°弯头中点

(6) Read the following company overview and translate into Chineses please：

We are an Italian manufacturer of ground and roof drainage systems，pipes and connections and electrical as well as water installation protection equipments，with 100 ％ Italian capitals. Thanks to the high quality of our design and manufacturing as well as to the competitive pricing，besides our local customers we have a number of foreign clients in Western and Central Europe，in Central and South America，in the Middle East，in several African countries as well as in some provinces of China. We are presently marketing our products also in the area of South-East Asia. We hold all the required international certifications and we would like to extend the cooperation also to your country.

I wish to invite you to visit our website，www. nikebrico. it and see our products.

I am looking forward to hearing from you in the near future.

Thank you and best regards

Dr. Maria Tonner，Director

International Marketing

44

4. 实施步骤

4.1 制表

根据图 3-22 和图 3-23 绘制管线敷设图，并进行下料计算，在计算机上制表完成材料清单和工具清单，计划完成时间。

4.2 实施

（1）完成每种管道的敷设和连接，随时注意记录完成每种管道的连接时间。

（2）检查安装尺寸。

（3）进行水压试验和灌水试验。

5. 评价

综合管道练习任务评分表

表 3-12

序　号	评价项目	分　数	学生自评	教师评分
1	管道敷设图纸的绘制	20		
2	工艺步骤的制定	10		
3	材料与工具清单	10		
4	铜管下料尺寸的计算	20		
5	PVC 管下料尺寸的计算	10		
6	复合管下料尺寸的计算	10		
7	抱弯的制作	20		
8	铜管安装尺寸	40		
9	PVC 管安装尺寸	20		
10	复合管安装尺寸	20		
11	管道连接的平整度	10		
12	管道连接的角度	10		
13	软焊外观	20		
14	水压试验	10		
15	灌水试验	10		
16	安装整体印象	10		
17	安全	10		
18	文明施工	10		
19	English	20		
合计	? /290 =	290		

注意：1. 每段管子安装尺寸 <2mm，得 10 分；2mm ≤ 每段管子安装尺寸 <4mm，得 5 分；每段管子安装尺寸 ≥ 4mm，得 0 分。

2. 水压试验合格为 10 分，渗漏为 0 分。

6. 小结

根据实训结果，评价自己的计划、敷设和安装质量及安装工时，找出自己的弱点和缺陷。

项目四　卫生间的设计与安装

1. 任务

某宾馆要求完成一个有冷热水供应的标准卫生间的设计与安装，卫生间配置有洗脸盆、坐便器、浴缸或淋浴缸。

2. 教学目的

2.1　专业能力

熟悉卫生设备的种类与基本尺寸，熟悉卫生设备的最小间距；

掌握 Auto CAD 绘制专业图的能力；

了解一个标准卫生间的材料和设备基本价格，并计算安装费用。

熟悉专业英语词汇。

2.2　社会能力和个性能力

培养学生的灵活性、思维能力、分析能力和与人合作的精神。

3. 准备工作

3.1　参考资料

（1）管道工初级技能. 杜渐. 高等教育出版社，2005。

（2）管工（初级工、中级工）、劳动和社会保障部中国就业培训技术指导中心. 中国城市出版社，2003.

（3）建筑给水排水系统安装. 杜渐. 高等教育出版社，2006。

（4）采暖与供热管网系统安装. 杜渐. 中国建筑工业出版社，2006

（5）因特网的搜索引擎.

3.2　准备知识

（1）浴缸的材料有＿＿＿＿＿＿＿＿＿＿＿＿＿＿＿＿＿浴缸的尺寸有＿＿＿＿＿＿＿

＿＿＿＿＿＿＿＿＿＿＿＿＿＿＿＿＿＿＿＿＿＿＿＿＿＿＿＿＿＿＿＿＿＿＿＿＿＿＿

淋浴缸的尺寸有＿＿＿＿＿＿＿＿＿＿＿＿＿＿＿＿＿＿＿＿＿＿＿＿＿＿＿＿＿＿＿

（2）根据水箱的位置，坐便器分为＿＿＿＿＿＿＿＿＿＿＿＿＿＿＿＿＿＿＿＿＿＿

＿＿＿＿＿＿＿＿＿＿＿＿＿＿＿＿＿＿＿＿＿＿＿＿＿＿＿＿＿＿＿＿＿＿＿＿＿＿＿

根据坐便器的排水方向，坐便器分为＿＿＿＿＿＿＿＿＿＿＿＿＿＿＿＿＿＿＿＿＿＿

根据坐便器的安装方式，坐便器分为＿＿＿＿＿＿＿＿＿＿＿＿＿＿＿＿＿＿＿＿＿＿

（3）市场上常见的下出水坐便器出水口中心与墙的距离有＿＿＿＿＿＿＿＿＿＿＿ mm。

（4）根据安装的方式，洗脸盆分为＿＿＿＿＿＿＿＿＿＿＿＿＿＿＿＿＿＿＿＿＿＿；

洗脸盆的基本尺寸有＿＿＿＿＿＿＿＿＿＿＿＿＿＿＿＿＿＿＿＿＿＿＿＿＿＿＿＿＿＿

洗脸盆的安装高度为＿＿＿＿＿＿＿＿＿＿＿＿＿＿＿＿＿＿ mm。卫生设备的最小间距分别为＿＿＿＿＿＿＿＿＿＿＿＿＿＿＿＿＿＿＿＿＿＿＿＿＿＿＿＿＿＿＿＿＿＿＿＿＿＿＿

(5) 存水弯的作用是＿＿，存水弯的种类有＿＿＿＿＿＿＿＿＿＿＿＿＿＿＿＿＿＿＿＿＿

(6) 通气管的作用是＿＿＿通气管的种类有＿＿＿＿＿＿＿＿＿＿＿＿＿＿＿＿＿

(7) 常见建筑排水系统由＿＿＿组成。

(8) 常见建筑给水系统由＿＿＿组成。

(9) 建筑排水系统异层安装的特点是＿＿＿

同层安装的特点是＿＿＿

(10) PVC 管一般采用粘接，粘接的步骤是：先将要连接的管端外表面和管件内表面用砂纸打毛，随后用干净抹布将其擦净，用刷笔在管端外表面和管件内表面粘接处涂抹胶水，将管端插入管件内，对好管件方向即可。要注意的是：粘接前应检查胶水是否过期，否则不能用；粘接处 24h 后才能试水和受力。

(11) 排水支管安装应注意＿＿＿

(12) 排水横管安装应注意＿＿＿

(13) 排水立管安装应注意＿＿＿

排出管安装应注意＿＿＿

(14) 通气管安装应注意＿＿

(15) 建筑给水系统安装应注意＿＿＿

热水系统安装应注意＿＿＿＿＿＿＿＿＿＿＿＿＿＿＿＿＿＿＿＿＿＿＿＿＿＿＿＿＿＿＿＿＿＿＿＿＿＿＿

（16）安装费用由＿＿＿＿＿＿＿＿＿＿＿＿＿＿＿＿＿＿＿＿＿＿＿＿＿＿＿＿＿＿

＿＿＿＿＿＿＿＿＿＿＿＿＿＿＿＿＿＿＿＿＿＿＿＿＿＿＿＿＿＿＿＿＿＿组成。

直接费是＿＿＿＿＿＿＿＿＿＿＿＿＿＿＿＿＿＿＿＿＿＿＿＿＿＿＿＿＿＿＿＿＿

间接费是＿＿＿＿＿＿＿＿＿＿＿＿＿＿＿＿＿＿＿＿＿＿＿＿＿＿＿＿＿＿＿＿＿

（17）给水管道水压试验的压力是＿＿＿＿＿＿＿＿＿＿＿＿＿＿＿＿，水压试验的步骤

是＿＿＿＿＿＿＿＿＿＿＿＿＿＿＿＿＿＿＿＿＿＿＿＿＿＿＿＿＿＿＿＿＿＿＿＿＿

＿＿＿＿＿＿＿＿＿＿＿＿＿＿＿＿＿＿＿＿＿＿＿＿＿＿＿＿＿＿＿＿＿＿＿＿＿

（18）排水管道灌水试验的灌水高度是＿＿＿＿＿＿＿，灌水试验的步骤是＿＿＿＿＿

＿＿＿＿＿＿＿＿＿＿＿＿＿＿＿＿＿＿＿＿＿＿＿＿＿＿＿＿＿＿＿＿＿＿＿＿＿

（19）卫生设备安装的验收内容和标准分别是＿＿＿＿＿＿＿＿＿＿＿＿＿＿＿＿＿＿

＿＿＿＿＿＿＿＿＿＿＿＿＿＿＿＿＿＿＿＿＿＿＿＿＿＿＿＿＿＿＿＿＿＿＿＿＿

＿＿＿＿＿＿＿＿＿＿＿＿＿＿＿＿＿＿＿＿＿＿＿＿＿＿＿＿＿＿＿＿＿＿＿＿＿

（20）对管道、设备与附件进行固定，称为锚固，尽量不要选用塑料和铁皮的锚栓，

原因是＿＿＿＿＿＿＿＿＿＿＿＿＿＿＿＿＿＿＿＿＿＿＿＿＿＿＿＿＿＿＿＿＿＿＿

（21）Translate the following into Chinese：

Understanding Your House Plumbing

Your plumber knows that your house plumbing involves several plumbing systems. This may be hard for you to grasp especially if you simply assumed that everything is done through a single system somewhere. Unfortunately，your house plumbing system is more complicated than what you may have initially thought it is. To help you get a clear picture of the whole things，let us start by getting an overview of the different types of house plumbing systems in your home.

Your house plumbing involves a water supply system. The water supply system takes care of the distribution of water to the different parts of the house including the outdoor sprinklers and the irrigation of your garden if you have one. The water supply plumbing is probably the most extensive house plumbing system in your home together with the drain and waste plumbing. What is the drain and waste plumbing? This type of house plumbing goes hand in hand with your water supply. Where the water supply pipes bring the water into your home，the drain and waste plumbing takes the used water out of your home and brings it through the waste water system in your community. Used water from your kitchen，bath，comfort rooms and others go through the drain and waste plumbing.

Another house plumbing in your home is the vent piping exhausts which takes care of sewer gases and provides proper pressure for the drainpipes to function normally. This type of plumbing is usually hidden so you don't get to see it much. On the other hand，the gas piping system delivers gas into gas-power appliances in your home. You usually find these pipes in your kitchen and it your heating system. Some houses have more elaborate house plumbing system that includes a specialized piping system for a pool，Jacuzzi and the likes.

4. 实施步骤

4.1 设计卫生间

（1）与客户（由教师扮演）讨论，客户提出自己的建议，各组根据客户的建议讨论卫生设备、管材的选用与布置，然后向客户提出自己的方案，进一步讨论，最后推荐代表在全班介绍自己的设计。

（2）用 Auto CAD 绘制卫生间平面布置图。

（3）用 Auto CAD 绘制卫生间系统图。

（4）制订设备、管材、附件、管件、固定件等材料清单。

（5）制订安装工具清单。

（6）制订施工步骤、安全注意事项与验收表。

（7）根据设计图列表计算工时和卫生间安装费用。

卫生间安装费用和工时计算 表 4-1

序号	项目	数量	人工费	材料费	机械费	工时
小计						
合计						

卫生间主材费用 表 4-2

序号	项目	数量	单价	合价
合计				

4.2 实施

（1）根据设计图纸完成卫生间的安装，随时注意记录每个卫生设备和每个管道系统安装时间，随时记录实际所消耗的材料。

（2）进行水压试验和灌水试验。

（3）各组互评和验收安装质量。

5. 评价

卫生间安装 表 4-3

序号	评价项目	分数	学生自评	教师评分
1	卫生间平面图的布置与绘制	20		
2	卫生间系统图的设计与绘制	20		
3	工艺步骤的制定	20		
4	材料清单	10		
5	工具清单	10		
6	给水管道的尺寸	20		
7	给水管道的密封性	20		
8	热水管道的尺寸	20		
9	热水管道的密封性	20		
10	排水管道的尺寸	20		
11	排水管道的密封性	20		
12	排水管道的坡度	10		
13	卫生设备的安装高度尺寸	20		
14	卫生设备的安装平面尺寸	10		
15	卫生设备的安装间隔尺寸	10		
16	卫生设备的平整度	10		
17	卫生设备的功能	10		
18	与人合作能力	10		
19	安装整体印象	10		
20	安全	10		
21	文明施工	10		
22	翻译	10		
合计	? /320 ＝	320		

注意：1. 安装尺寸＜2mm，不扣分；1个安装尺寸＜4mm，扣5分，直至扣完为止；1个安装尺寸≥4mm，扣10分，直至扣完为止。

2. 水压试验合格不扣分，渗漏重装后合格扣10分，第二次再渗漏为0分。

6. 小结

小结标准卫生间设计与安装的体会。

根据设计图纸、网上搜索与市场调研材料和设备的价格（包括经济、中档和高档的），附上照片，用计算机列表进行比较；评估一个经济标准卫生间的价格与安装工时。根据安装工程，总结哪些材料或附件被疏忽了，安装中哪个设备或管段比较费时，哪个部分对操作技能要求较高，今后的改进措施。

项目五　建筑给水排水工程

（一）建筑给水排水系统管径的验算

1. 任务

　　某客户请人设计了一个三层建筑的给水排水系统（如图 5-1 和图 5-2 所示），请你检查一下这个系统的卫生设备和管道布置是否合理、验算一下管径的设计是否正确。该客户水表前的市政管网供水压力为 0.22MPa，水表井距建筑物西墙 5.28m，要求给水管道采用热熔连接的 PP-R 管（或挤压式连接的铝塑复合管等），排水管道采用粘接连接的 PVC 管（或 PE 管等）。

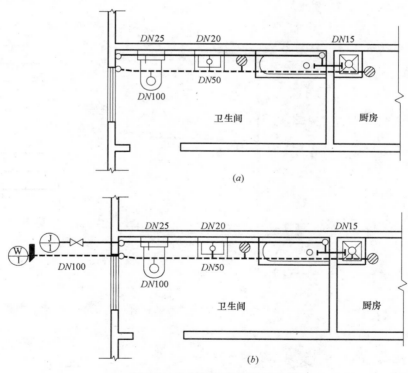

图 5-1　给水排水系统平面图
（a）二、三层管道平面图；（b）底层管道平面图

2. 教学目的

2.1　专业能力
掌握给水系统的水力计算基本原理与方法；

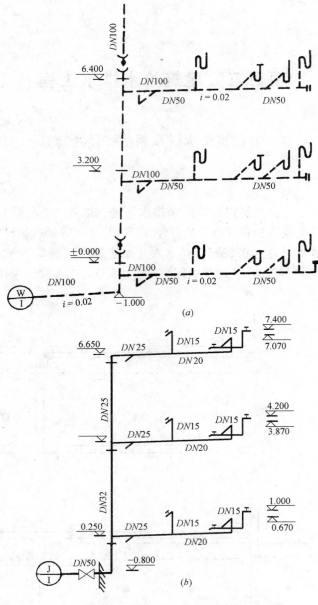

图 5-2　给水排水系统轴测图

(a) 排水系统；(b) 给水系统

掌握排水系统的水力计算基本原理与方法。

2.2　社会能力和个性能力

培养学生的灵活性、思维能力、分析能力；培养与客户沟通的能力和与人合作的精神。

3. 准备工作

3.1　参考资料

(1) 建筑给水排水工程. 蔡可健. 中国建筑工业出版社，2005.

(2) 建筑给水排水系统安装. 杜渐. 高等教育出版社，2006.

(3) 新编建筑给水排水工程. 张英、吕镴. 中国建筑工业出版社，2004.

(4) 建筑给水排水设计规范. GB 50015—2003.

(5) 因特网的搜索引擎.

3.2 准备知识

(1) 管道沿程阻力产生的原因是_____，管道沿程阻力的计算公式是_____，沿程阻力的单位有_____

(2) 管道局部阻力产生的原因是_____，在建筑给水系统中，管道的局部阻力一般取该系统沿程阻力一定的百分数，选取方式为：_____

_____

(3) 建筑给水的方式与当地供水压力有关，给水方式有：_____

_____

(4) 给水附件一般分为控制附件、配水附件和计量附件，控制附件有_____

配水附件有_____

计量附件有_____

(5) 给水管道布置的基本原则是_____

_____

_____

(6) 给水立管布置应注意_____

_____

水表设置应注意_____

(7) _____称为 1 个给水当量，_____称为卫生器具的当量值。

_____称为设计秒流量。

(8) 住宅建筑的生活给水管道的设计秒流量计算公式为 $q_s = 0.2 \cdot U \cdot N_g$，式中各符号的含义是：_____

计算步骤是：1) _____

_____

2) _____

_____

3) _____

_____

4) _____

_____

(9) 影响一个建筑物最不利取水点所需要的供水压力的因素有_____

_____，因此计算一个建筑物最不利取水点所需要的供水压

力的公式为_____

（10）排水横管的充满度是指_____，排水管设计时不能全充满的原因是_____。

生活污水管的充满度一般为_____。

排水横管需要坡度，是因为_____

排水系统横管的坡度与_____有关，管道的坡度是指_____

（11）建筑排水系统一般分为_____

（12）_____

_____称为排水设计秒流量。

_____称为1个排水当量。_____

_____称为卫生器具的排水当量值。

1个排水当量是1个给水当量的1.65倍。

（13）大便器的排水管管径_____，排水立管管径_____

_____，通气管管径_____，

其他排水管径要求还有_____

（14）住宅、学校、办公楼等建筑排水设计秒流量的计算公式为 $q_u = \sum q_0 nb$，式中各符号的含义是_____

（15）排水管道允许负荷卫生器具当量数（表5-1）

排水管道允许负荷卫生器具当量数　　　　　　　　　　表 5-1

建筑物性质	排水管种类		允许负荷卫生器具当量数			
			$DN50$	$DN75$	$DN100$	$DN150$
住宅、公共居住建筑的小卫生间	横支管	无器具通气管	4	8	25	
		有器具通气管	8	14	100	
		底层单独排出	3	6	12	
	横干管			14	100	1200
	立管	仅有伸顶通气管	5	25	70	
		有环行通气管			900	1000
集体宿舍、旅馆、医院、办公楼、学校等公共建筑的盥洗室、厕所	横支管	无环行通气管	2.5	12	36	
		有环行通气管			120	
		底层单独排出	4	8	36	
	横干管			18	120	2000
	立管	仅有伸顶通气管	6	70	100	
		有环行通气管			1500	2500

（16）Translate the following into Chinese：

54

Inadequate plumbing systems likely contributed to SARS transmission

26 September 2003 | GENEVA AND ROME-Inadequate plumbing is likely to have been a contributor to the spread of SARS in residential buildings in Hong Kong Special Administrative Region of China, a World Health Organization (WHO) technical Consultation concluded today. It also contributes to the spread of a number of other infectious diseases in several other countries. In the absence of proper maintenance and without consistent monitoring, reviewing, enforcing and updating of building standards and practices, inadequate plumbing and sewage systems could continue to enhance the potential of SARS and some other diseases to spread. The meeting concluded that it would be relatively easy to interrupt and avoid some diseases, including SARS if it were to return.

The Consultation developed a checklist of environmental hygiene factors in building design and maintenance that, if followed, could contribute to controlling environmental transmission of SARS Coronavirus (CoV) and other viruses. Viruses that can be transmitted by the "faecal droplet" route also include gastro-enteritis virus (such as Norwalk-like viruses), some adenoviruses and enteroviruses responsible for a number of gastro-intestinal and neurological diseases.

"With this Consultation, WHO is helping its Member States appreciate the need to assess and manage the health risks associated with inadequate plumbing and sewage systems. It has documented lessons learned, it has pointed to risk assessment and management tools to be better prepared in case of future outbreaks and it has listed concrete measures and regulatory frameworks for the prevention of faecal droplet transmission of disease-causing viruses, This information will be brought together in a guidelines document," commented Dr Jamie Bartram, Head of WHO's Water, Sanitation and Health Programme at its Geneva headquarters.

It has been suggested that the "faecal droplet" route may have been one of several modes of transmission in Hong Kong during the SARS outbreak in early 2003. In this case, droplets originating from virus-rich excreta in a given building's drainage system re-entered into resident's apartments via sewage and drainage systems where there were strong upward air flows, inadequate "traps" and non-functional water seals.

Meeting in Rome, an international group of WHO experts reviewed the transmission risks related to the current state of plumbing systems around the world and how inadequate construction and maintenance practices could contribute to the spread of SARS.

"In many countries there will be buildings where keeping sewage separate from building occupants is a critical challenge," observed Dr Bartram. "This could result in harmful viruses, including the SARS Coronavirus (CoV), being sucked from the sewage system into the home if, for example, there are strong extractor fans working in a family's bathroom. Fortunately, solutions are simple and already in place in most areas world-wide, but there remain places where short-cuts in design, construction and maintenance continue to compromise safety. ''

"While the evidence suggests that, under most circumstances, the spread of SARS among people occurred overwhelmingly across a short range of distance through water droplets, there are specific situations where conditions allowed other transmission routes. One of these is through sewage-associated faecal droplets and this Consultation has, therefore, recommended measures to reduce sewage-borne transmission routes of pathogenic viruses," added Dr Bartram.

The Consultation emphasized that the solution-proper plumbing-is a simple public health measure which is often overlooked but can be addressed at minimal extra cost. Nevertheless, it is a significant tool in stopping faecal droplet transmission of disease.

The Consultation resolved that Governments establish or strengthen intersectoral arrangements and mechanisms to enhance joint efforts of ministries of health, building authorities, local governments and architects/designers to both raise general awareness of the risks from inadequate plumbing and sewage systems, and to take concrete actions to address shortcomings in this area.

The experts meeting at the WHO European Centre for Environment and Health in Rome came from nine countries and represented the fields of epidemiology, virology, environmental health, risk assessment/management, building design and plumbing.

4. 实施步骤

4.1 分组准备

(1) 分组与客户（由教师扮演）讨论卫生间卫生设备、管材选用的要求与布置。

(2) 各组复习和讨论建筑给水排水系统水力计算的基本原理与方法。

(3) 与客户确认卫生间平面布置图、系统图与管材的选用。

4.2 给水排水系统水力计算

(1) 将管段按顺序编号，并根据图纸进行丈量和计算各管段的长度。

(2) 计算最不利点沿程阻力和局部阻力。

(3) 计算最不利点所需要的供水压力，验算管径是否正确，进行调整，见表 5-2、表 5-3。

给水系统水力计算　　　　　　　　　　　　　　　　表 5-2

管段号	额定流量	当量值	管径	摩阻比	沿程阻力
局部阻力					
最不利点配水点标高					
最不利点流出水头					
水表阻力					
未来供水发展系数					
合　计					

排水系统水力计算

表 5-3

序号	管径	当量值	排水管道允许负荷卫生器具当量数	坡度

5. 评价

给水排水系统管径的验算评分标准

表 5-4

序号	评 价 项 目	分数	学生自评	教师评分
1	与客户的讨论	20		
2	分组的讨论与准备	20		
3	给水系统的当量值计算	20		
4	给水系统的设计秒流量计算	20		
5	给水系统的沿程阻力计算	20		
6	给水系统的局部阻力计算	20		
7	给水系统的其他水力计算	20		
8	排水系统当量值计算	20		
9	排水系统的水力计算	20		
10	排水管道的坡度	10		
11	与人合作能力	10		
12	总体能力	20		
合计	? /220 =	220		

6. 小结

小结给水排水系统管径验算的体会。

根据验算结果检查自己对建筑给水排水系统水力计算的能力，哪些内容已经掌握、哪些还有困难。

（二）建筑给水排水设计

1. 任务

设计某一栋 6 层住宅建筑给水排水系统。

1.1 建筑设计资料

该住宅楼为 6 层砖混建筑物，层高 3m，首层屋内地面标高为±0.000m，室内外高差为 0.45m。

建筑物平面图、轴立面图分别见图 5-3～图 5-6。

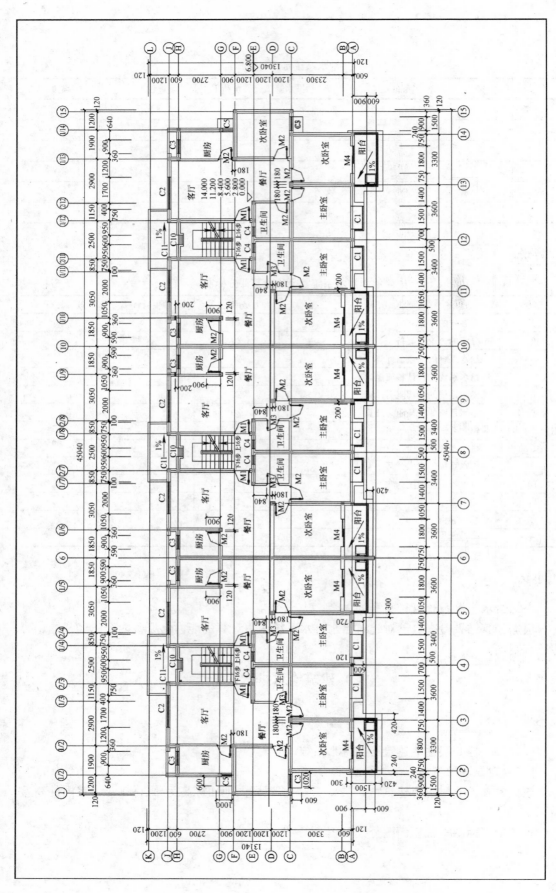

图 5-3 一~六层平面图

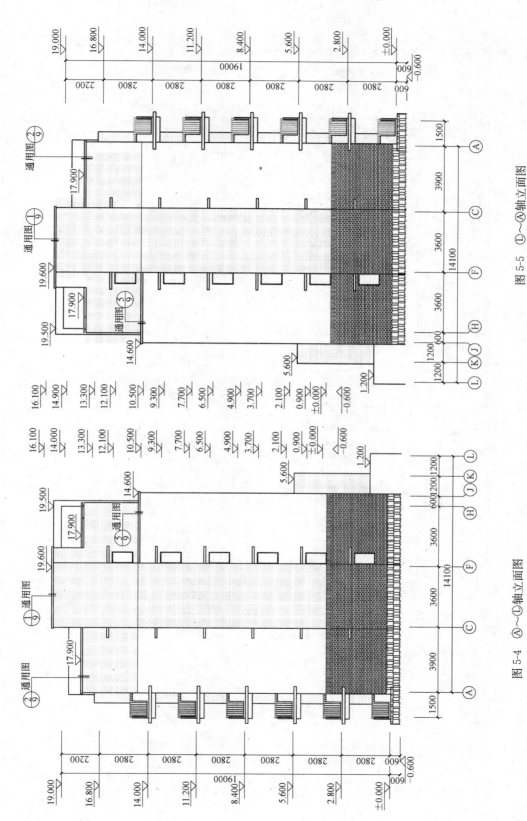

图 5-5 Ⓛ～Ⓐ轴立面图

图 5-4 Ⓐ～Ⓛ轴立面图

59

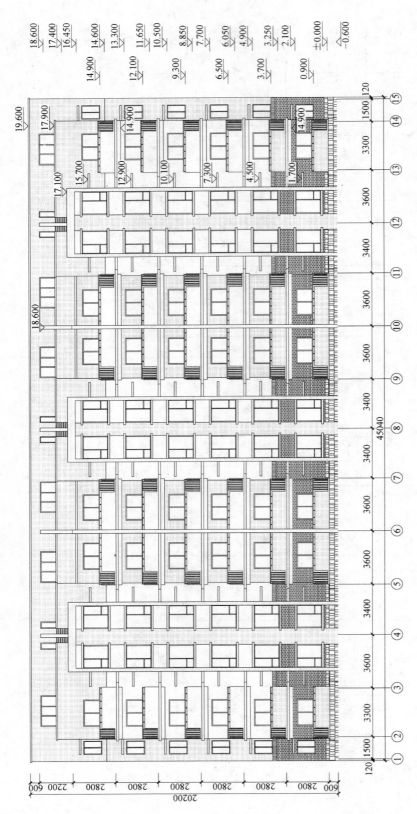

图 5-6　①～⑮轴立面图

1.2 外网条件

给水水源：在建筑物北面，城市给水干管为本建筑物水源，管径为 DN300，接管点标高为−1.4m，常年可提供的工作压力为 280kPa。

排水条件：建筑物北面有城市排水管道，管径为 DN400，管顶距地面下 1.0m。

1.3 通顺、工整、清晰与内容完整地完成下列任务：

（1）设计说明书

1）封面、前言、目录。

2）设计任务：根据工程性质及设计任务书的要求，说明本设计生活给水、排水系统的任务及范围。

3）原始资料：建筑物的用途，市政给水干管的位置、方向，接管点位置以及能够提供的水量水压等；城市排水管道的位置、方向。

（2）计算书

1）给水管材与排水管材的选择；

2）确定计算管路，划分管段；

3）各卫生器具当量数确定；

4）设计秒流量确定；

5）确定给水、排水方案；

6）根据计算调整和确定各管段的管径。

（3）具有一定技术和经济比较说明的设计方案

（4）设计图纸

1）底层、标准层给水排水平面图各一张（用 CAD 绘制）

包括内容：给水引入管进户点和用水设备及管道的平面布置、设备数量；排水设备和管道的平面布置、设备数量、排水干管出户点等。

2）给水系统图一张（用手工绘制）

包括给水系统的区分及相互间的关系，管道标高及规格型号，阀门的位置、标高及数量，用水设备的规格型号及数量等。

3）排水系统图一张（用 CAD 绘制）

包括排水系统的区分及相互间的关系，排水管道的规格、标高，排水设施的数量和相互间的关系。

4）大样图（用手工绘制）

根据需要，说明管道与给水附件、用水及排水设备之间的关系、位置和数量。

（5）参考资料

2. 教学目的

2.1 专业能力

掌握给水系统的水力计算基本原理与方法；掌握排水系统的水力计算基本原理与方法。

熟悉建筑给水排水系统的设计原则和程序，掌握 CAD 建筑给水排水平面图、手工系统图及大样图设计绘图能力。

2.2　社会能力和个性能力

培养学生严谨的科学态度和工作作风；培养与客户沟通的能力和与人合作的精神。

3. 准备工作

3.1　参考资料

(1) 建筑给水排水工程. 张健主编. 中国建筑工业出版社，2005.

(2) 建筑给水排水供热通风与空调专业实用手册. 杜渐主编. 中国建筑工业出版社，2004.

(3) 建筑给水与排水系统安装. 杜渐. 高等教育出版社，2006.

(4) 建筑给水排水设计手册（第二版）. 陈耀宗、姜文源、胡鹤均. 中国建筑工业出版社，2007.

(5) 建筑给水排水常用设计规范详解手册. 姜文源. 中国建筑工业出版社，1996.

(6) 建筑给水排水设计规范. 中国计划出版社，2003.

(7) 建筑设备设计施工图集——采暖卫生给水排水燃气工程. 中国建材工业出版社，2002.

(8) 给水排水分册-国家建筑标准设计图集. 中国水利水电出版社，2006.

(9) 给水排水工程实用设计手册　水力计算图表（含光盘）. 李田. 中国建筑工业出版社，2008.

(10) 建筑给水排水实用设计资料——常用资料集 1、2. 赵锂. 中国建筑工业出版社，2005.

(11) 市政工程设计施工系列图集——给水、排水工程（上、下册）. 中国建材工业出版社，2003.

(12) 建筑给水排水工程设计实例（1、2）. 中国建筑设计研究院. 中国建筑工业出版社，2001.

(13) 实用建筑给水排水工程设计与 CAD. 姜湘山、周佳新等编著. 机械工业出版社，2004.

3.2　准备知识

(1) 室内给水系统由_____部分组成。

(2) 室内给水系统的主要给水方式的特点是什么？

直接给水系统，特点是_____

设水箱的给水系统，特点是_____

设水泵的给水系统，特点是_____

设水箱和水泵的给水系统，特点是_____

气压给水系统，特点是_____

分区给水系统，特点是_____

分质给水管网，特点是_____

(3) 室内给水管道敷设有_____两种形式，各自特点及适用范围是_____

_____

（4）引入管进入建筑内，一种情形是从建筑物的浅基础下通过；另一种是穿越承重墙或基础。在地下水位高的地区，引入管穿地下室外墙或基础时，应采取_____措施，如设_____等。

（5）根据室内生活给水管道设计秒流量进行水力计算，需要确定_____

（6）室内给水排水工程施工图包括_____种类。绘出常用给水和排水图例，并写出其英文名称。

截止阀：   闸阀：

止回阀：   家庭水表：

水表井：   水泵：

水箱：   给水管道：

角阀：   配水龙头：

洗脸盆：   浴缸：

小便器：   蹲式大便器：

坐式大便器：   坐洗盆：

地漏：   给水管：

排水管：   通气管：

雨水管：   检查口：

清扫口：   洗涤盆：

（7）排水系统的合流制是_____，分流制是_____

（8）卫生间布置的原则有_____

（9）建筑给水排水系统的设计程序是_____

（10）在给水系统方案选择时应考虑的因素是_____

（11）在排水系统方案选择时应考虑的因素是_____

4. 实施步骤

4.1　分组阅读及理解设计原始资料

3~4 人组成一个小组，分组阅读和理解设计原始资料。

4.2　与客户交流

向客户（教师扮演）了解具体细节，并与客户进行讨论。以备忘录的形式记录下与客户讨论的结果。

4.3 实施

（1）小组集体学习给水排水技术设计规范及相关参考书，借阅类似的给水排水设计。

（2）制定设计步骤，小组进行分工实施。注意随时与客户的沟通。

5. 评价

施工组织设计评分标准

表 5-5

序号	评价项目	分数	学生自评	教师评分
1	与客户沟通的能力	10		
2	信息的收集	10		
3	给水系统的计算（水力计算和管径的确定）	30		
4	排水系统的计算（水力计算和管径的确定）	30		
5	方案的选择	10		
6	设计说明书	10		
7	给水排水平面图（附件、设备与管线的布置，线型和尺寸标注）	30		
8	给水系统图（线型、尺寸标注、与平面图的一致性）	10		
9	排水系统图（线型、尺寸标注、与平面图的一致性）	10		
10	大样图（线型、尺寸标注、与标准图的一致性）	10		
11	CAD绘图能力	10		
12	手工绘图能力	10		
13	建筑给水排水原理理解和掌握总印象	20		
14	与小组成员的合作能力	10		
15	英语能力	10		
16	备忘录的完整性	10		
	合计？/230	230		

6. 小结

与教师和小组成员沟通后，小结自己在给水排水设计中的收获与不足。

项目六　供热入户的改装与带温控阀散热器的安装

1. 任务

有一客户要改装供热系统，在入户处增加一个热计量装置，散热器上加装温控阀。

2. 教学目的

2.1　专业能力

熟悉各种散热器与基本尺寸；

掌握散热器的固定方式和散热器的组对；

掌握温控阀的安装；

掌握供热系统入户热计量装置的安装；

学习如何做记录和了解备忘录的格式。

熟悉专业英语词汇。

2.2　社会能力和个性能力

培养学生与客户打交道的能力。

3. 准备工作

3.1　参考资料

（1）管工（初级工、中级工）．劳动和社会保障部中国就业培训技术指导中心．中国城市出版社，2003.

（2）采暖与供热管网系统安装．杜渐．中国建筑工业出版社，2006.

（3）因特网的搜索引擎．

3.2　准备知识

（1）根据材质分类，散热器有 _____；根据传热方式分类，散热器有 _____；根据散热器的结构分类，散热器有 _____；根据散热器的传热方式，散热器分为 _____

（2）安装散热器时应注意 _____

_____

（3）散热器温控阀的工作原理是 _____

_____

（4）温控阀安装时应注意 _____

_____

散热器顶部距离台板最小尺寸为 _____ mm，散热器底部距地面最小尺寸为

_____ mm，原因是_____。请在图 6-1 中将安装正确的温控阀示意图标注出来。

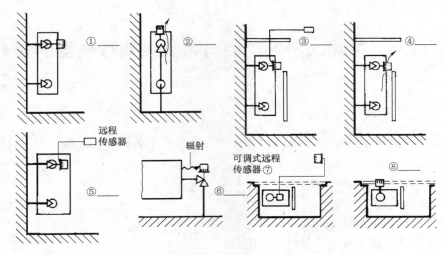

图 6-1　安装正确与错误的温控阀

（5）散热器的组对工具有_____，所需材料是_____。根据散热器的材质不同，铸铁散热器的水压试验压力是_____ MPa，钢质散热器的水压试验压力为_____ MPa。

（6）根据工作原理分类，供热系统的入户热计量装置有_____
_____

（7）上供下回式热水单管供热系统的特点是_____
_____

下供上回式热水单管供热系统的特点是_____
_____

（8）上供下回式热水双管供热系统的特点是_____
_____

下供上回式热水双管供热系统的特点是_____
_____
_____

（9）单管式热水供热系统与双管式热水供热系统相比较，两者的优缺点分别是
_____
_____

（10）散热器支管供水和回水的连接方式有图 6-2 所示的一些形式，对热效率比较有利的是_____。

（11）地面式采暖的特点是_____
_____，地面式采暖的敷设方式有干式和湿式两种，标出图 6-3 所示湿式敷设各层结构的名称和图 6-4 所示干式敷设各层结构的名称。

（12）地面式采暖热辐射管道在单管蛇形式敷设的特点是_____
双管环绕式敷设的特点是_____

（13）地面式采暖系统敷设安装应注意_____

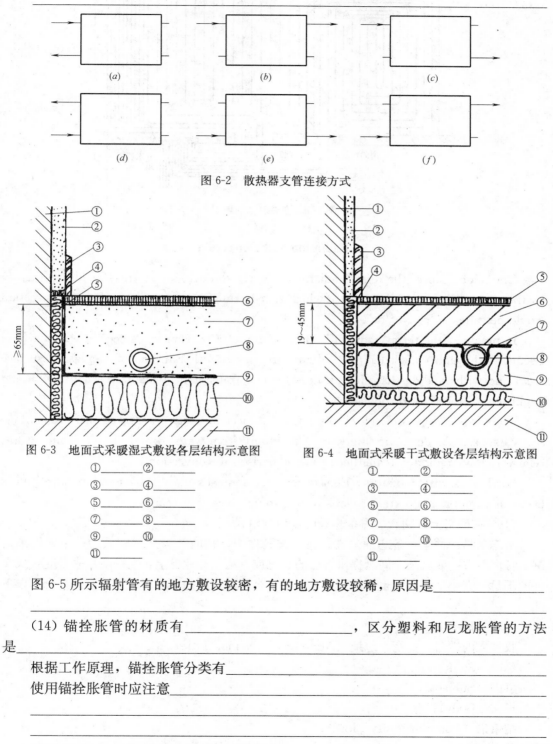

图 6-2　散热器支管连接方式

图 6-3　地面式采暖湿式敷设各层结构示意图

①_____②_____
③_____④_____
⑤_____⑥_____
⑦_____⑧_____
⑨_____⑩_____
⑪_____

图 6-4　地面式采暖干式敷设各层结构示意图

①_____②_____
③_____④_____
⑤_____⑥_____
⑦_____⑧_____
⑨_____⑩_____
⑪_____

图 6-5 所示辐射管有的地方敷设较密，有的地方敷设较稀，原因是_____

_____

（14）锚拴胀管的材质有_____，区分塑料和尼龙胀管的方法

是_____

根据工作原理，锚拴胀管分类有_____

使用锚拴胀管时应注意_____

_____

_____

（15）Translate the following into Chinese：

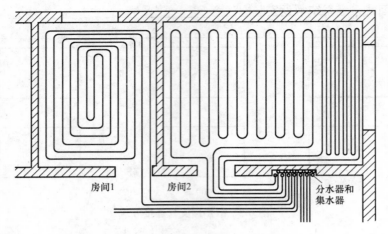

房间1　　　房间2　　　　　分水器和
　　　　　　　　　　　　　集水器

图 6-5　热辐射管的辐射

Radiation and convection

One might expect the term "radiator" to apply to devices that transfer heat primarily by thermal radiation, while a device which relied primarily on natural or forced convection would be called a "convector".

In practice, the term "radiator" refers to any of a number of devices in which a fluid circulates through exposed pipes (often with fins or other means of increasing surface area), notwithstanding that such devices tend to transfer heat mainly by convection and might logically be called convectors.

The term "convector" refers to a class of devices in which the source of heat is not directly exposed. As domestic safety and the supply from water heaters keeps temperatures relatively low, radiation is inefficient in comparison to convection.

For homes with radiators, Energy Star recommends placing heat-resistant reflectors between radiators and exterior walls to help retain heat in a room.

（16）在网络上查阅和学习备忘录的作用与格式

备忘录是一种录以备忘的公文。在公文函件中，它的等级是比较低的，主要用来提醒、督促对方，或就某个问题提出自己的意见或看法。在业务上，它一般用来补充正式文件的不足。在小型工程中也可以用备忘录代替合同。它的内容可以（不是必须）分为以下几项：

书端（Heading）；

收件人的姓名、头衔、地址（Addressee's Name，Title，Address）；

称呼（Salutation）；

事因（Subject）；

正文（Body）；

结束语（Complimentary Close）；

署名（Signature）。

4. 实施步骤

4.1 与客户交流及准备工作

（1）两人一组与客户（由教师扮演）讨论方案（如图 6-6 所示，仅供参考）。客户提出管材与散热器的选用、附件的布置及尺寸要求、计量装置和散热器的敷设位置与安装完成时间，学生提出自己的建议。

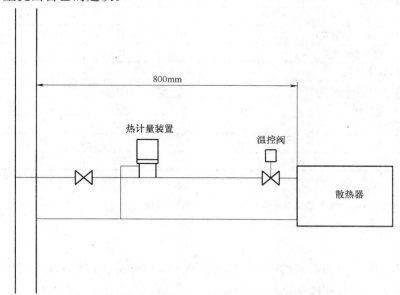

图 6-6　有热计量装置和温控阀的散热器安装示意图

（2）学生记录双方的讨论结果、徒手绘制草图及与客户签订备忘录。

（3）用 Auto CAD 绘制平面图与系统图。

（4）制订管材、附件、管件、固定件等材料清单。

（5）制订安装工具清单。

（6）制订施工步骤与安全注意事项。

4.2 实施

（1）散热器进行拆装、清洗。

（2）将散热器进行组对、水压试验和固定在客户指定的位置。

（3）按设计图进行安装，由客户验收。

5. 评价

卫生间安装 表 6-1

序号	评 价 项 目	分数	学生自评	教师评分
1	平面图的布置与绘制	20		
2	系统图的设计与绘制	20		
3	附件的选型	10		
4	工艺步骤的制定	10		
5	材料清单	10		

序号	评价项目	分数	学生自评	教师评分
6	工具清单	10		
7	管道的尺寸	20		
8	散热器道的清洗和组对	20		
9	散热器的密封性试验	10		
10	散热器的固定	10		
11	温控阀的安装	10		
12	供热计量装置的安装	10		
13	与客户沟通的能力	10		
14	备忘录的书写	10		
15	英语短文的阅读能力	10		
16	安装整体印象	10		
17	安全	10		
18	文明施工	10		
合计	? /220 =	220		

注：1. 安装尺寸＜2mm，不扣分；1个安装尺寸＜4mm，扣5分，直至扣完为止；1个安装尺寸≥4mm，扣10分，直至扣完为止。

2. 水压试验合格不扣分，渗漏后重装合格扣10分，第二次再渗漏为0分。

6. 小结

小结供热系统入户的改装和带温控阀的散热器安装的体会，总结安装的难点，哪一部分消耗工时最长，今后如何改进。

项目七　预算文件的编制：建筑给水排水安装工程预算

1. 任务

某工程建筑给水排水项目需要招标，为此编制一份预算文件。

2. 教学目的

2.1　专业能力

掌握识图的能力，掌握工料分析方法。

了解建筑工程定额原理、工程量计算规则、建筑工程造价费用的组成及取费程序。熟悉各工程工程量计算及定额套用。

初步掌握施工图预算的编制内容与方法，结合工程实际，选择正确的计算顺序和正确列出计算项目；初步掌握各分项工程工程量计算规则和计算方法，能够编制出完整的施工图预算书文件。

熟悉专业英语词汇。

2.2　社会能力和个人能力

培养学生严谨的科学态度和工作作风；

培养学生与客户打交道的能力；

培养学生团队工作的能力。

3. 准备工作

3.1　参考资料

(1) 全国统一安装工程预算定额. 建设部标准定额研究所. 中国计划出版社, 2000.

(2) 全国统一安装工程预算定额工程员计算规则. 中国计划出版社, 2000.

(3) 建筑工程定额与预算. 卞秀庄、赵玉槐主编. 中国环境出版社, 2002.

(4) 建筑给水排水及采暖工程施工质量验收规范. 中国建筑工业出版社, 2002.

(5) 通风与空调工程施工质量验收规范. 中国建筑工业出版社, 2002.

(6) 建筑安装分项工程施工工艺规程. 中国建筑工业出版社, 1996.

(7) 城市供热管网工程施工及验收规范. 中国建筑工业出版社, 1989.

(8) 建筑设备施工安装通用图集. 华北地区建筑设计标准化办公室, 1991.

(9) 管道施工技术. 张宪吉主编. 高等教育出版社, 1995.

(10) 建设工程工程量清单计价规范. 建设部标准定额研究所. 中国计划出版社, 2003.

(11) 全国统一安装工程预算定额工程量计算规则. 建设部标准定额司. 中国计划出版社, 2001.

(12) 全国统一安装工程预算定额编制说明. 建设部标准定额研究所. 中国计划出版

社，2003.

3.2 准备知识

（1）招标的作用是＿＿＿＿＿＿＿＿＿＿＿＿＿＿＿＿＿＿＿＿＿＿，按适用的范围，招标分为＿＿＿＿＿＿＿＿＿＿＿＿＿＿＿＿＿＿＿＿＿＿＿＿＿＿＿＿＿＿＿＿＿＿

分别用于＿＿＿＿＿＿＿＿＿＿＿＿＿＿＿＿＿＿＿＿＿＿＿＿＿＿＿＿＿＿＿＿

＿＿＿＿＿＿＿＿＿＿＿＿＿＿＿＿＿＿＿＿＿＿＿＿＿＿＿＿＿＿＿＿＿＿＿＿

（2）招投标的程序一般分为＿＿＿＿＿＿＿＿＿＿＿＿＿＿＿＿＿＿＿＿＿

＿＿＿＿＿＿＿＿＿＿＿＿＿＿＿＿＿＿＿＿＿＿＿＿＿＿＿＿＿＿＿＿＿＿＿＿

（3）投标的准备工作包括＿＿＿＿＿＿＿＿＿＿＿＿＿＿＿＿＿＿＿＿＿＿

＿＿＿＿＿＿＿＿＿＿＿＿＿＿＿＿＿＿＿＿＿＿＿＿＿＿＿＿＿＿＿＿＿＿＿＿

（4）安装工程定额的作用是＿＿＿＿＿＿＿＿＿＿＿＿＿＿＿＿＿＿＿＿＿

＿＿＿＿＿＿＿＿＿＿＿＿＿＿＿＿＿＿＿＿＿＿＿＿＿＿＿＿＿＿＿＿＿＿＿＿

＿＿＿＿＿＿＿＿＿＿＿＿＿＿＿＿＿＿＿＿＿＿＿＿＿＿＿＿＿＿＿＿＿＿＿＿

安装工程定额编制的依据是＿＿＿＿＿＿＿＿＿＿＿＿＿＿＿＿＿＿＿＿＿＿

＿＿＿＿＿＿＿＿＿＿＿＿＿＿＿＿＿＿＿＿＿＿＿＿＿＿＿＿＿＿＿＿＿＿＿。

定额项目、册与册交叉的定额，在执行时应根据主要工程的专业系统来划分。如"玻璃钢冷却塔"安装定额在《全国统一安装工程预算定额》（下同）第一册第十四章、第九册第八章、第十五册第三章中都有，执行时则应按其主工程的专业套用相应定额。

（5）建筑安装工程的费率计取如表 7-1 所示。

安装工程造价计算顺序表　　　　　　　　　　　　　　表 7-1

序号	项目名称		计　算　式	备　　注
（一）	定额直接费			包括定额说明
（二）	人工费			包括定额说明
（三）	其他直接费			
（四）	直接费小计			
（五）	综合间接费			按安装工程类别划分标准表及综合间接费标准表确定
（六）	利润			按安装工程类别划分标准表及利润率标准表确定
（七）	开办费			按合同或签证为准
（八）	其他费用	定额编制管理费		
		工程质量监督费		
		上级(行业)管理费		
（九）	税金		［（四）＋（五）＋（六）＋（七）＋（八）］× 3.41% 3.35% 3.22%	（市区） （县镇） （其他）
（十）	总造价			

（6）排水、采暖、煤气工程安装中的高层建筑（指层数在6层或高度为20m以上的工业和民用建筑）的增加费，按表 7-2 分别计取。

计 算 方 法		12层以下	15层以下	18层以下	21层以下	24层以下	27层以下	30层以下	33层以下	36层以下	40层以下
暖气	占工程中人工费(%)	22	28	34	39	45	49	54	60	64	71
	其中人工费占超高增加费(%)	8	13	17	19	23	26	28	30	33	36
给排水	占工程中人工费(%)	17	22	27	31	35	40	44	48	53	58
	其中人工费占超高增加费(%)	11	16	21	25	29	32	35	38	40	43
生活用煤气	占工程中人工费(%)	37	46	56	62	70	76	83	90	97	104
	其中人工费占超高增加费(%)	5	8	11	12	14	16	18	21	22	25

(7) 在给排水、采暖、煤气安装工程定额中，由于各种类型建筑的不同操作高度是综合考虑的，故不宜限操作高度，其脚手架搭拆费及摊销费，按人工费的_____计取，其中人工工资占_____。

(8) 各种管道的工程量均以_____计算（另有规定者除外），以中心线的长度为准，阀门和接头零件所占的长度均不从管道延长米中扣除（该长度已在损耗率中综合考虑），但各种钢板卷管直管的主材数量应_____，管道的计量单位，定额中一般以_____为单位。

(9) 膨胀水箱制作以_____为计算单位，水箱安装按_____以"____"为计算单位。制作和安装均应单独套用相应子目。各类水箱连接管，均未包括在定额内，可按室内管道安装的相应项目执行。各类水箱均未包括支架制作安装，如为型钢支架，可套"一般管道支架"子目，若为混凝土或砖支座，可按土建相应子目执行。

(10) 通风空调工程的正常施工条件是：

1) 设备、材料、成品、半成品、构件_____，附有

_____。

2) 安装工程和土建工程之间的交叉作业_____。

3) _____的气候、地理条件和施工环境。

(11) 通风空调工程中，计算风管长度时，一律以施工图示_____（主管与支管以其中心线_____），包括弯头、三通、变径管、天圆地方等管件的长度，但不得包括_____。直径和周长_____，咬口重叠部分已包括在定额内，不另增加。

(12) 采暖热源管道的划分界线为：

1) 室内外入口阀门或建筑物外墙皮以_____为界。

2) 与工艺管道界线以锅炉房或泵站外墙皮以_____为界。

3) 工厂车间内采暖管道以采暖系统与工业管道以_____为界。

4) 设在高层建筑内的加压泵间管道以_____为界。

(13) 安装现场材料或机（工）具的水平搬运，其运距超过了定额规定运距是否可以调整需视情况而定。

材料和机（工）具的搬动"包括自施工单位现场仓库运至安装地点的水平和垂直搬运"，是指工地范围内的搬运工作。定额规定材料和机（工）具水平运距除按第一册《机械设备安装定额》为_____ m外，其余均为_____ m，如与实际情况不符时，均_____调整。

(14) 在机械设备安装工程中，风机和泵安装以____为计量单位，以重量_____选用

子目。在计算重量时，直联式风机和泵，以_____总重量计算。非直联式的风机和泵，以_____总重量计算，不包括_____重量。直联式、非直联式安装定额中，均已包括_____安装，不得另套定额。深井泵，以本体、电动机、底座以及设备扬水管的_____计算。

　　（15）在机械设备安装工程定额中，将容器、构件等方面的内容全部编入第十一册_____和第十五册_____两册内，将压缩机、风机、泵全部纳入本定额第八章_____、第九章_____与第十章_____。

　　（16）调节阀制作安装工程的工作内容包括：

　　1）放样、_____。

　　2）号孔、_____。

　　（17）工程量清单是_____
_____，工程量清单计价是指_____
_____。

　　（18）工程量清单计价与预算定额计价的区别是_____
_____。

　　（19）Translate the following into Chinese：

Home-Run Plumbing Systems

Do you want a water supply piping system that doesn't corrode or develop pinhole leaks，is chlorine-resistant，scale-resistant，and has fewer fittings，connections，and elbows than rigid plastic and metallic pipe? Then you need to explore the use of cross-linked polyethylene（PEX）for your next water supply piping installation.

Cross-linked polyethylene（PEX）is a high-temperature，flexible plastic（polymer）pipe. The cross-linking raises the thermal stability of the material under load. Thus，the resistance to environmental stress cracking，creep，and slow crack growth are greatly improved over polyethylene.

PEX pipe is approved for potable hot- and cold-water plumbing systems and hot-water（hydronic）heating systems in all model plumbing and mechanical codes across the U. S. and Canada. PEX piping systems are durable，provide security for safe drinking water，and use reliable connections and fittings. There are currently about ten domestic producers of quality PEX piping.

Brass fittings and couplings and polyethylene tees and elbows are available. Fittings are available in both mechanical compression and crimping styles，depending on application and manufacturer. In addition to domestic water supply systems，PEX tubing can be used for floor or wall radiant heating，and snow and ice melting systems in sidewalks and driveways.

PEX tubing is light weight，and it can withstand operating temperatures of up to 200 °F（93℃）. It is flexible and can easily be bent around corners and obstacles，and through floor systems. Sizes of PEX tubing range from 3/8-inch to over 2 inches.

For more information，see Cross-Linked Polyethylene PEX in Residential Plumbing

Systems. This TechNote details the differences and similarities between three PEX system designs established by laboratory testing performed at the NAHB Research Center. The Copper Pinhole Leaks TechNote describes a significant problem with copper piping that is not present in PEX installations.

4. 实施步骤

4.1 与客户进行交流

（1）成立 3～4 人的小组，首先以小组形式阅读和理解客户提供的原始资料：

该工程项目为某市某住宅小区给排水系统。

设计概况：总建筑面积：6784.78m²；其中地下室建筑面积 992.20m²；占地面积 931.73m²；地上 6 层，为住宅，建筑高度为 17.80m，住宅总户数 72 户。

设计参数：最高日用水量 50.7m³/d，给水系统入口所需压力 0.25MPa。

一、给水排水系统

1. 排水管道均选用消声硬聚氯乙烯排水管，按粘接连接，施工应满足《建筑给水排水塑料管道工程技术规程》DB 1323—2000。给水管道选用 PP-R 管，热熔连接。本工程给水采用下行上给方式。排水采用重力自流。

2. 卫生器具，具体由建设单位选定，安装参照有关图集。坐便器冲洗水箱不得大于 6L，卫生器具配件均采用节水型。

3. 给水排水管道穿楼板及隔墙时应设钢套管，套管比相应管道大两号，套管底部与楼板底相平，上部高出楼板 50mm。套管穿隔墙时与两边相平。排水管道每层设伸缩节一个，超过 4m 的排水横支管加设伸缩节，安装详见标准图集。排水管道穿墙楼板及屋顶做法见标准图集。地漏均为多功能地漏。卫生器具存水弯及地漏的水封深度不小于 50mm。

给水排水管道穿地下室外墙设刚性防水套管详见标准图集。水表集中设于室外水表井内。

地下室内给水管道用 30mm 厚岩棉套管保温，做法见标准图集。

排水管坡度：横支管 $i=0.026$；横干管 $i=0.010$。

给水管道试验压力 0.6MPa，具体按照《建筑给水排水及采暖工程施工质量验收规范》GBJ 50242—2002 中规定进行。排水系统安装完成后应做灌水及通球试验。

其余未尽部分均应按国家有关施工验收规范及有关规定进行施工。

二、消防系统

1. 根据《建筑灭火器配置设计规范》要求该建筑应配置建筑灭火器。灭火器选用手提式磷酸盐干粉 MFZ/ABC4 型灭火器，具体数量见平面图。

2. 未尽事宜应遵守有关规范，有关规定及《消防工程 05S4》中统一说明进行。

编写施工图预算书，施工图预算书应由下列内容组成：

1）预算书封面

2）预算书编制说明

3）工程取费表

4）主材价格表

5）工程预算表

（2）向客户（由教师扮演）了解和探讨细节。

4.2　实施

（1）小组成员进行分工。

（2）调查市场材料价格。

（3）编写该工程预算书大纲，下列内容仅供参考：

1）工程量清单计价方式

工程总说明

工程量清单总价表

分部工程清单项目费汇总表

分项工程清单项目费汇总表

技术措施项目费汇总表

其他措施项目费汇总表

主要材料价格明细表

综合单价分析表

子目工料分析表

2）综合定额计价方式

工程总说明

工程总价表

分部工程费汇总表

分项工程费汇总表

技术措施项目费汇总表

其他措施项目费汇总表

人工材料机械价差表

补充子目单位估价表

工程量计算表

（4）熟悉当地常用的预算软件，并使用该软件进行工程量计算，按以上顺序打印和装订成册。

5. 评价

编写预算书评分标准

表 7-3

序号	评价项目	分数	学生自评	教师评分
1	与客户沟通的能力	10		
2	信息的收集	20		
3	识图的能力	20		
4	工料分析	20		
5	套用定额项目的正确性	20		
6	计算式的正确性	30		
7	预算书编写内容的完整性	20		
8	预算最终结果的准确性	20		
9	与小组成员合作能力	10		
	合　　　计	？ /170＝		

6. 小结

与教师和小组成员沟通后，小结自己在预算设计中的收获与不足。

附参考施工图，参见图 7-1～图 7-6。

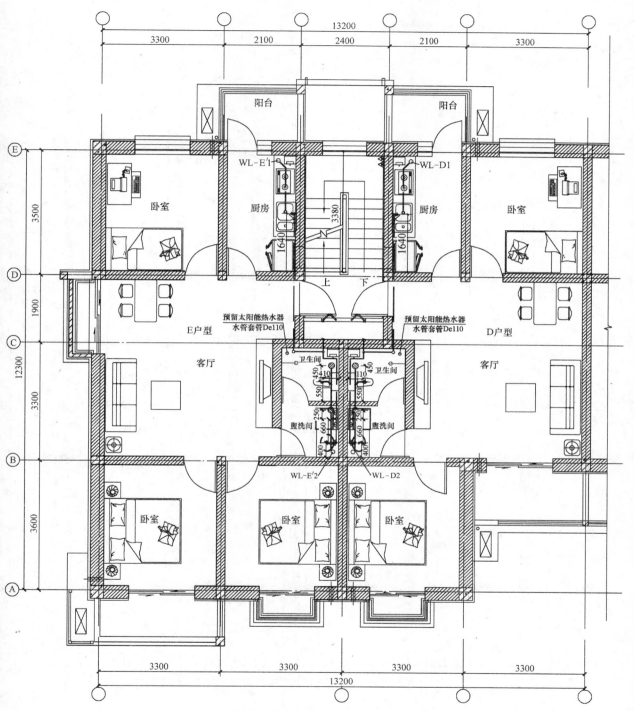

图 7-1　D/E′标准层给排水平面图

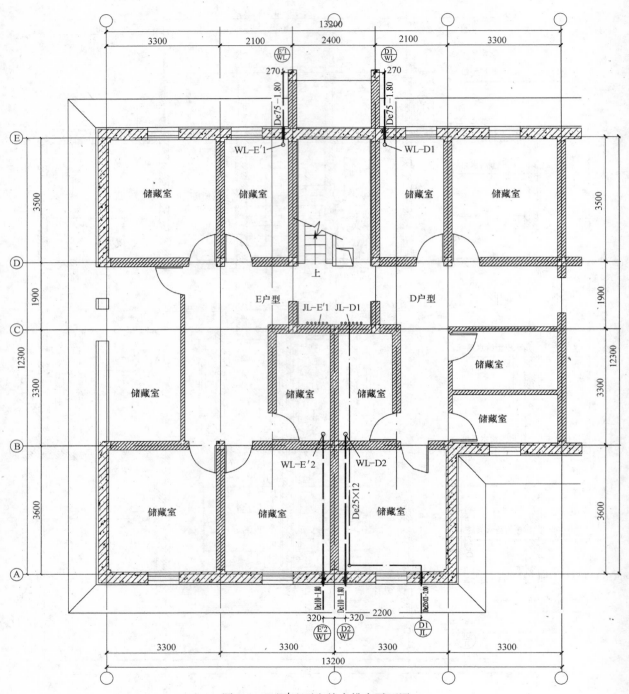

图 7-2 D/E′地下室给水排水平面图

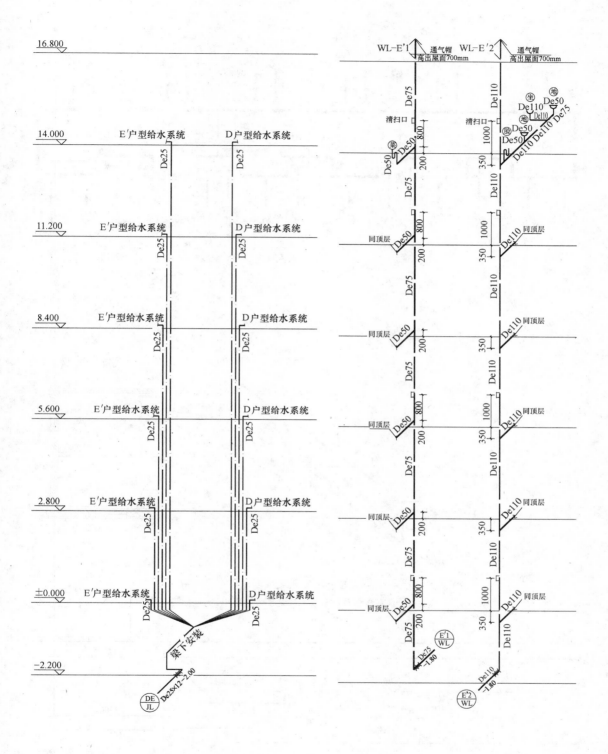

图 7-3　给水系统图

图 7-4　E'户型排水系统图
E'户型排水系统图与 D户型排水系统图对称相同

79

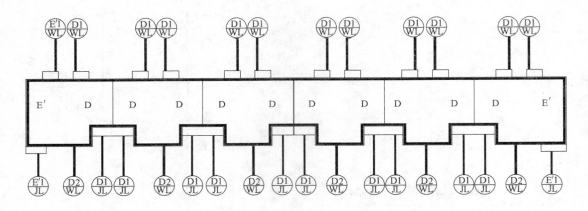

图 7-5 屋面平面图

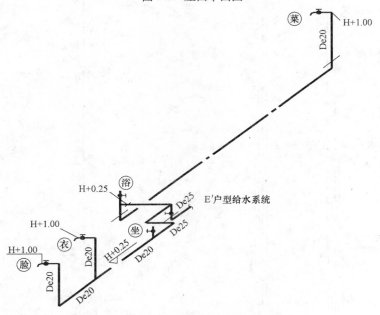

图 7-6 E′户型给水系统图 1：50

注：E′户型给水系统与 D 户型给水系统对称相同；H 为该楼层地坪

图 例

图　例	名　称	图　例	名　称
J̄L	给水引入管编号		洗菜盆
W̄L	排水排出管编号		给水管
	洗脸盆		排水管
	坐便器		水嘴
	洗衣机		地漏
	洗菜盆		

80

项目八　施工组织方案设计

1. 任务

对某小区住宅建筑采暖通风工程进行施工,结合具体的安装工程项目,编制出指导施工的施工组织设计,合理地使用人力物力、空间和时间,着眼于各工种工程施工中关键工序的安排,使之有组织、有秩序地施工。

2. 教学目的

2.1　专业能力

要求学生了解施工组织的主要内容,能够根据工程的具体要求进行施工方案的选择、施工进度的安排与优化,掌握施工进度计划图的表达方式、绘制方法和调整方法;

进行施工场地平面的布置和预算的编制,了解相应的管理和预算软件。

熟悉专业英语词汇。

2.2　社会能力和个性能力

培养学生严谨的科学态度和工作作风,培养学生独立工作和与别人合作的能力;

树立精心设计的思想,建立理论联系实际的作风。

3. 准备工作

3.1　参考资料

(1) 建筑工程施工组织设计实例应用手册. 彭圣浩主编. 中国建筑工业出版社,1987.

(2) 建筑施工组织与现代管理. 刘金昌、李忠富、杨晓林. 中国建筑工业出版社,1997.

(3) 施工组织设计与进度管理. 全国建筑施工企业项目经理培训教材编写委员会. 中国建筑工业出版社,1997.

(4) 工程建设进度控制. 全国监理工程师培训教材编写委员会. 中国建筑工业出版社,1997.

(5) 工程项目管理实用手册. 田振郁主编. 中国建筑工业出版社,1991.

3.2　准备知识

(1) 建设项目的基本概念是从经济管理的角度而界定的,它在一般项目概念的基础上做了两点限定:一是＿＿＿＿＿＿＿＿＿＿＿＿＿＿＿＿＿＿＿＿＿＿＿＿＿＿＿＿＿＿;
二是＿＿＿＿＿＿＿＿＿＿＿＿＿＿＿＿＿＿＿＿＿＿＿＿＿＿＿＿＿＿＿＿＿＿＿＿＿＿＿

＿＿。
施工项目的概念与建设项目不同,一般是指作为施工企业的被管理对象的一次性施工任务,是建筑经济科学的一个基本范畴。施工项目的管理主体是＿＿＿＿＿＿＿＿＿＿,项目是施工企业实现其目标的＿＿＿＿＿＿＿＿＿＿,施工企业是施工活动的＿＿＿＿＿＿＿＿＿＿,施工项目管理是施工企业管理的重要内容。

建设项目与施工项目，两者的管理主体_____，两者所管理的客体对象性质_____，两者的范围和内容不同。但两者均是项目，都具备项目的一切特征，服从于项目管理的一般规律，两者所进行的客观活动共同构成_____，施工企业需要按建设单位的要求交付建筑产品，两者是建筑产品的_____。

　　（2）建设工程施工合同示范文本的通用条款包括_____

_____

_____

　　（3）施工准备工作的内容有：

　　1）施工现场的征地、拆迁工作_____；

　　2）施工用水、电、通信、道路和场地_____；

　　3）必须的生产、生活临时建筑工程_____；

　　4）生产物资准备和生产组织准备_____；

　　5）组织建设监理和主体工程招标、投标，并择优选定_____。

　　（4）施工组织设计是_____

_____

_____

_____

_____。

　　根据设计阶段、编制的广度深度和具体作用的不同，施工组织设计可分为：_____

_____分别适用于_____

_____

_____

　　（5）编制施工组织设计的依据有：

　　1）计划和设计文件。主要包括_____

_____。

　　2）自然条件资料。主要包括_____

_____。

　　3）建设地区的技术经济资料。主要包括_____

_____。

　　4）国家和上级的有关指示。主要包括_____

_____。

　　5）施工中可能配备的_____。

　　6）如系引进的成套设备或中外合资经营的工程，应当具体了解_____

_____。

　　（6）编制施工组织设计的原则有：

　　1）_____

_____

　　2）_____

3) _____

_____

4) _____

_____

5) _____

_____

6) _____

_____

7) _____

_____

8) _____

_____

(7) 施工组织设计的具体内容有：

1) _____

2) _____

_____

3) _____

4) _____

5) _____

6) _____

_____。

(8) 施工组织设计的作用有：

1) _____

_____

2) _____

3) _____

_____

4) _____

_____

5) _____

_____

(9) 施工方案的内容具体有：

1) _____

2) _____

3) _____

4) _____

5) _____

6) _____

（10）编制单位工程施工组织设计的内容有：

1）建设单位对本工程的要求：＿＿＿＿＿＿＿＿＿＿＿＿＿＿＿＿＿＿＿＿

＿＿＿＿＿＿＿＿＿＿＿＿＿＿＿＿＿＿＿＿＿＿＿＿＿＿＿＿＿＿＿＿＿＿＿＿

＿＿＿＿＿＿＿＿＿＿＿＿＿＿＿＿＿＿＿＿＿＿＿＿＿＿＿＿＿＿＿＿＿＿＿＿

2）施工组织总设计：＿＿＿＿＿＿＿＿＿＿＿＿＿＿＿＿＿＿＿＿＿＿＿＿＿＿

＿＿＿＿＿＿＿＿＿＿＿＿＿＿＿＿＿＿＿＿＿＿＿＿＿＿＿＿＿＿＿＿＿＿＿＿

3）施工单位对本工程可提供的条件：＿＿＿＿＿＿＿＿＿＿＿＿＿＿＿＿＿＿

＿＿＿＿＿＿＿＿＿＿＿＿＿＿＿＿＿＿＿＿＿＿＿＿＿＿＿＿＿＿＿＿＿＿＿＿

4）工程地质勘探＿＿＿＿＿＿＿＿＿＿＿＿＿＿＿＿＿＿＿＿＿＿＿＿

5）本工程施工用水、电、气等供应情况，如＿＿＿＿＿＿＿＿＿＿＿＿＿＿

＿＿＿＿＿＿＿＿＿＿＿＿＿＿＿＿＿＿＿＿＿＿＿＿＿＿＿＿＿＿＿＿＿＿＿＿

6）建筑材料、半成品、成品等的供应情况，如＿＿＿＿＿＿＿＿＿＿＿＿＿

＿＿＿＿＿＿＿＿＿＿＿＿＿＿＿＿＿＿＿＿＿＿＿＿＿＿＿＿＿＿＿＿＿＿＿＿

7）＿＿＿＿＿＿＿＿＿＿＿＿＿＿＿＿＿＿＿＿标准图集，国家及地区的规定、规范、定额、验收规范、操作规程；

8）施工单位对类似工程的＿＿＿＿＿＿＿＿＿＿＿＿＿＿＿＿＿＿＿＿＿＿

9）工程施工协作单位的＿＿＿＿＿＿＿＿＿＿＿＿＿＿＿＿＿＿＿＿＿＿＿

10）当地＿＿＿＿＿＿＿＿＿＿＿＿＿＿＿＿＿＿＿＿＿情况；

11）对本工程的特殊要求＿＿＿＿＿＿＿＿＿＿＿＿＿＿＿＿＿＿＿＿＿＿

（11）施工进度计划的作用是＿＿＿＿＿＿＿＿＿＿＿＿＿＿＿＿＿＿＿＿＿

＿＿＿＿＿＿＿＿＿＿＿＿＿＿＿＿＿＿＿＿＿＿＿＿＿＿＿＿＿＿＿＿＿＿＿＿

＿＿＿＿＿＿＿＿＿＿＿＿＿＿＿＿＿＿＿＿＿＿＿＿＿＿＿＿＿＿＿＿＿＿＿＿

＿＿＿＿＿＿＿＿＿＿＿＿＿＿＿＿＿＿＿＿＿＿＿＿＿＿＿＿＿＿＿＿＿＿＿＿

（12）施工进度计划的编制依据主要有：

1）＿＿＿＿＿＿＿＿＿＿＿＿＿＿＿＿＿＿＿＿＿＿＿＿＿＿＿＿＿＿＿＿＿＿

2）＿＿＿＿＿＿＿＿＿＿＿＿＿＿＿＿＿＿＿＿＿＿＿＿＿＿＿＿＿＿＿＿＿＿

3）＿＿＿＿＿＿＿＿＿＿＿＿＿＿＿＿＿＿＿＿＿＿＿＿＿＿＿＿＿＿＿＿＿＿

4）＿＿＿＿＿＿＿＿＿＿＿＿＿＿＿＿＿＿＿＿＿＿＿＿＿＿＿＿＿＿＿＿＿＿

5）＿＿＿＿＿＿＿＿＿＿＿＿＿＿＿＿＿＿＿＿＿＿＿＿＿＿＿＿＿＿＿＿＿＿

6）＿＿＿＿＿＿＿＿＿＿＿＿＿＿＿＿＿＿＿＿＿＿＿＿＿＿＿＿＿＿＿＿＿＿

（13）顺序施工方法是＿＿＿＿＿＿＿＿＿＿＿＿＿＿＿＿＿＿＿＿＿＿＿＿

平行施工方法是＿＿＿＿＿＿＿＿＿＿＿＿＿＿＿＿＿＿＿＿＿＿＿＿＿＿＿

（14）施工进度横道图是＿＿＿＿＿＿＿＿＿＿＿＿＿＿＿＿＿＿＿＿＿＿

（15）施工网络图的组成是＿＿＿＿＿＿＿＿＿＿＿＿＿＿＿＿＿＿＿＿＿

（16）施工网络图的时间参数有

＿＿＿＿＿＿＿＿＿＿＿＿＿＿＿＿＿＿＿＿＿＿＿＿＿＿＿＿＿＿＿＿＿＿＿＿

＿＿＿＿＿＿＿＿＿＿＿＿＿＿＿＿＿＿＿＿＿＿＿＿＿＿＿＿＿＿＿＿＿＿＿＿

其概念分别是＿＿＿＿＿＿＿＿＿＿＿＿＿＿＿＿＿＿＿＿＿＿＿＿＿＿＿＿＿

_____

_____

_____

_____

_____

_____

(17) Translate the following into Chinese:

Whole-House Ventilation Systems

Aside from paying the mortgage, space heating and cooling costs can be the most expensive aspect of home ownership. A well-insulated, tightly-sealed building envelope (exterior walls, roof, and foundation systems) can prevent the escape of costly conditioned air, but may have unintended consequences for indoor air quality (IAQ). While drafty, uninsulated structures allow plenty of natural "infiltration", well insulated and sealed structures may allow the build up of contaminants such as bacteria, mold spores, cooking fumes, pollen and dust. In some climates, inside and outside humidity levels may cause mildew or excessive condensation problems.

There are a number of mechanical ventilation systems that give control of air-exchange to homeowners rather than to weather or wind speed, and that can be incorporated into new or existing homes. Decisions regarding the best ventilation strategy for a particular situation should always go hand-in-hand with consideration for energy efficiency.

Below is a discussion of several types of mechanical ventilation systems and controls including Honeywell Y8150A Fresh Air Ventilation System, NightBreeze, Heat Recovery Ventilators (HRVs), Energy Recovery Ventilators (ERVs), Airetrak Controls, and Fan Recycler. Descriptions of other strategies for whole house mechanical ventilation include central air purification/ventilation/dehumidification systems, passive solar ventilation air pre-heaters, and in-line fans.

Mechanical Ventilation Systems

Mechanical ventilation systems may range from very basic-for instance, an exhaust fan and a timer-to more sophisticated systems that may be ducted to multiple locations, pre-condition the incoming air, and/or be tied into other mechanical systems in the home. A system may be custom designed by combining various individual components or may consist of a "packaged" system supplied by one manufacturer. The systems that are described here represent three possible options of mechanically introducing fresh air into the home.

Honeywell Y8150A Fresh Air Ventilation System

The Honeywell Y8150 A is used in conjunction with central HVAC fan systems. It consists of a motorized damper, a transformer, and control that contains an "intelligent algorithm". The algorithm calculates the amount of ventilation needed based on particular settings for the home. The installer enters the square footage of the home, the number of bedrooms, and the amount of outdoor air being introduced when the air handler operates and the damper is open. The latter value is obtained by directly measuring the volume of air moving through the duct with a tool such as a pitot tube. The control then opens the motorized damper the appropriate amount of time to achieve the required volume of fresh air for the home.

The algorithm is based on the ASHRAE 62.2 Mechanical Ventilation Standard (February 2003). This standard calls for the following ventilation rates:

Floor Area(square feet)	Number of Bedrooms				
	0-1	2-3	4-5	6-7	>7
<1500	30	45	60	75	90
1501~3000	45	60	75	90	105
3001~4500	60	75	90	105	120
4501~6000	75	90	105	120	135
6001~7500	90	105	120	135	150
>7500	105	120	135	150	165

For a four-bedroom 2,000 square foot home, this is 57.5 cubic feet per minute (cfm).

4. 实施步骤

4.1 分组阅读及理解设计原始资料

3~4 人组成一个小组,分组阅读和理解设计原始资料。

设计施工说明

一、工程概况

工程名称:某市某小区住宅楼工程。总建筑面积:6784.78m²。计算建筑面积:5535.48m²。

二、设计内容

本设计内容为采暖、通风设计。

三、采暖通风部分

(一)室内外设计参数

1. 室外计算参数:冬季采暖室外计算温度-8.1℃;冬季室外平均风速2.5m/s。

2. 室内计算参数:卫生间 25℃;厨房 16℃;起居室、客厅 18℃;卧室 18℃。

(二)厨房及卫生间设防回流变压式通风道,具体位置详见平面图。

（三）采暖系统

1. 本工程采暖供回水计算温度为 80℃/60℃，市政热力管网提供，本建筑采暖热负荷为 194.8kW，采暖热指标为 35.2W/m²。

2. 采暖系统形式及散热器选型：

采暖系统为共用立管的新双管分户系统，散热器采用 GRD-4 型钢制绕片管对流散热器（500mm×117mm），标准散热量 1873W/m。安装高度除图中注明外为距地 0.15m。

四、施工说明

1. 楼梯间及户内明装管道采用焊接钢管，管径大于 32mm 者为焊接，其他采用丝扣连接；户内埋地管道采用 PP-R 管，壁厚 3.5mm，地面埋设管道做法详见标准图集。

2. 热力入口采用直埋无缝钢管，聚氨酯保温，保温厚度为 35mm。楼梯间管道用 50mm 厚岩棉套管保温，复合铝箔保护层，做法见标准图集；楼板及隔墙时应设钢套管，套管较相应管道大两号，其中间缝隙用油麻填实。

3. 钢管及附件除锈后刷防锈漆两道，不保温管道另刷调和漆两道。

4. 采暖入口处需加设入口装置，做法详见标准图集；管道穿地下室外墙预埋钢性防水套管，套管较相应管道大两号。

5. 系统安装完毕后冲洗试压，试验压力为 0.9MPa。具体按照《建筑给水排水及采暖工程施工质量验收规范》GBJ 50242—2002 中规定进行。

6. 室外空调板旁需设置空调冷凝水管，管材选用 UPVC 管。

凡以上未说明之处，如管道支、吊架间距，管道焊接，管道穿楼板的防水做法等项均应按国家有关施工验收规范及有关规定进行施工。

根据提供的施工图及现场条件编制施工组织设计（图纸附后）。设计内容与要求：

1. 施工方案及施工方法

（1）划分施工段，并确定流水方向；

（2）选择施工机械，并校核其技术性能，计算其台数，合理安排位置及其附属设备的位置。

2. 编制单位工程施工进度计划

3. 施工平面的设计

4. 设计成果

（1）设计说明书 3000～5000 字，其中必须有施工方案选择的理由、分析计算过程、主体安装施工进度计划、该工程施工进度和平面图设计的说明，并附有必要的简图。

（2）施工进度计划表一张。

5. 说明书要求

（1）设计说明书要文理通顺、书写工整、叙述清晰、内容完整；

（2）说明书应有封面、前言、目录、必要的计算过程，计算内容应给出其来源；

（3）在确定设计方案时应有一定的技术、经济比较说明；

（4）内容应分章节，重复计算使用表格方式，参考资料应列出。

4.2 与客户交流

向客户了解施工现场等具体细节，并与其进行讨论。

4.3 实施

（1）小组集体学习施工技术规范及阅读相关参考书，借阅类似的施工组织设计。

（2）制定设计步骤，小组进行分工实施。

以下要点仅供参考：

1）工程概况：包括工程建设情况、建筑设计特点、建设地段特点、施工条件等。

2）工程项目部架构。

3）施工方案：包括确定施工顺序和施工流向、流水段划分、施工方法、机械选择等。

4）施工进度计划（横道图和二级网络图）。

5）资源需用量计划表（包括劳动力、主要材料、机械和运输计划表）。

6）施工平面图。

7）质量保证措施。

8）安全防护与文明施工措施。

9）降低成本措施。

10）招标文件规定的其他内容。

5. 评价

施工组织设计评分标准   表 8-1

序号	评 价 项 目	分　数	学生自评	教师评分
1	与客户沟通的能力	10		
2	信息的收集	20		
3	识图的能力	20		
4	施工方案	20		
5	施工进度计划	20		
6	资源需用量计划表	20		
7	施工平面图	20		
8	质量保证措施	10		
9	安全防护与文明施工措施	10		
10	降低成本措施	10		
11	过程资料的完整性	20		
12	与小组成员合作能力	10		
	合计？/190＝	190		

6. 小结

与教师和小组成员沟通后，小结自己在施工组织设计中的收获与不足。

附施工图（参见图 8-1～图 8-7）。

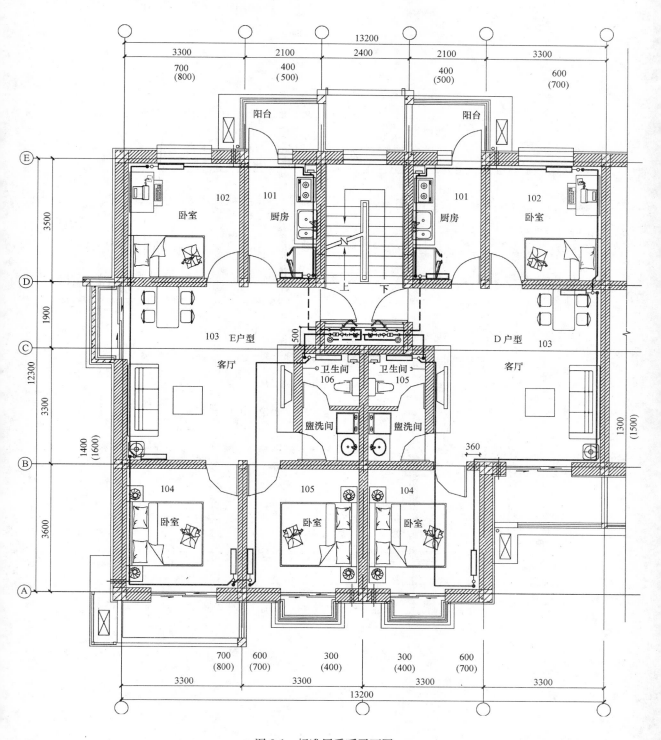

图 8-1 标准层采暖平面图

注：（ ）内数字表示首、顶层暖气片尺寸

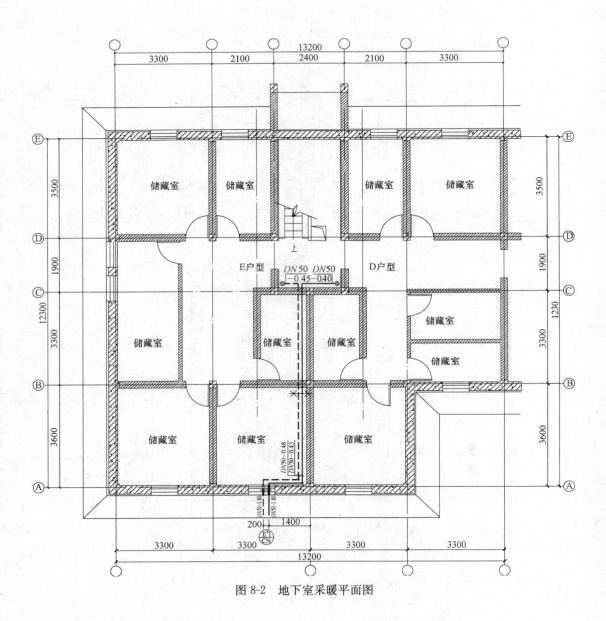

图 8-2 地下室采暖平面图

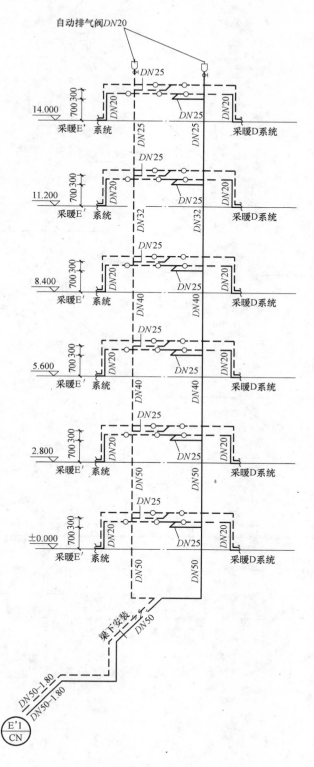

图 8-3 采暖系统图

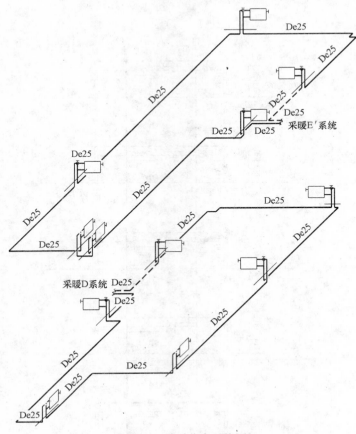

图 8-4　采暖分支系统图

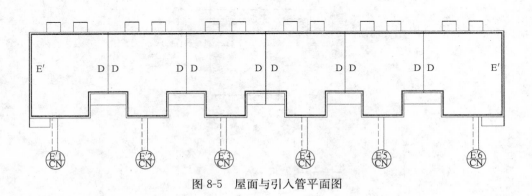

图 8-5　屋面与引入管平面图

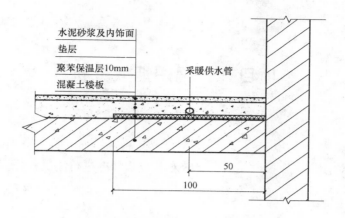

图 8-6　户内楼板垫层内管道安装大样图

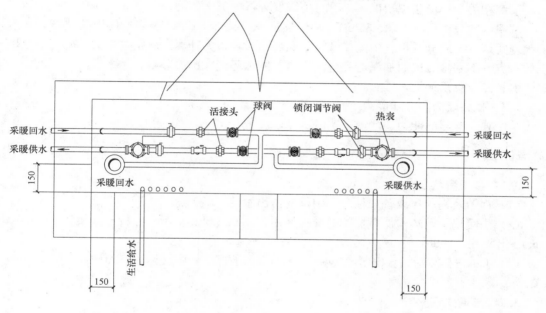

图 8-7　标准层管井大样图

项目九　锅炉烟气分析

1. 任务

某客户的锅炉使用了一段时间后，要求对其燃烧情况进行测试和分析。

2. 教学目的

2.1　专业能力

了解相关的环境法规知识，熟悉有关烟气分析的英文单词；

掌握烟气分析仪（Testo 325M）和烟灰泵（Testo Smoke Pump）使用的技能，通过实验理解烟气的成分及烟气中固体颗粒对燃烧的影响，为计算过剩空气系数，确定最佳燃烧效率点打下基础，进而加深对完全燃烧、节能和环境保护的理解。

熟悉专业英语词汇。

2.2　社会能力和方法能力

学生独立学习的能力，严谨求实的工作态度。

3. 准备工作

3.1　参考资料

（1）锅炉及锅炉房设备. 杜渐. 中国电力出版社，2004.

（2）供暖锅炉及热水储存器的选择和使用，Gerd Bohm. 斯图加特＋苏黎世：KarlK-romer 出版社，1998.

（3）Testo 英文网站：http://www.testo.com；Testo 中文网站：http://www.testo.com.cn.

3.2　准备知识

（1）锅炉燃烧热损失有＿＿＿＿＿＿＿＿＿＿＿＿＿＿＿＿＿＿＿＿＿＿＿＿＿＿＿＿＿＿＿＿

＿＿

锅炉的热平衡方程式为＿＿＿＿＿＿＿＿＿＿＿＿＿＿＿＿＿＿＿＿＿＿＿＿＿＿＿＿＿＿

对锅炉烟气进行分析是为了＿＿＿＿＿＿＿＿＿＿＿＿＿＿＿＿＿＿＿＿＿＿＿＿＿＿＿＿

＿＿

（2）小常识：在德国，《德国联邦环境保护法》（BIMSCHV）是一个重要的法律基础，它规定了必须遵守的燃烧极限值、由谁来负责设备的检查以及检查的次数。燃烧炉的检查应该：

烟囱工必须每年检查一次；

在不满意的情况下，6 周以后再次进行检查；

如再次检查后还不满意，应向主管部门上报并根据情况关闭设备。

（3）在我国，《锅炉大气污染物排放标准》GB 13271—2001 适用于除煤粉发电锅炉＞

45.5MW（65t/h），沸腾、燃油、燃气发电锅炉以外的各种容量和用途的燃烧锅炉、燃油锅炉和燃气锅炉排放大气污染物的管理，以及建设项目环境影响评价、设计、竣工验收和建成后的排污管理。使用甘蔗渣、锯末、稻壳、树皮等燃料的锅炉，参照本标准中燃煤锅炉大气污染物最高允许排放浓度执行。

（4）轻质燃油 EL 主要由两种化学元素组成：_____，还含有少量的_____。1m³ 空气中含有_____%的氮气和_____%的氧气。1L 燃油燃烧时需要大约_____ m³ 空气。

（5）当燃料中的碳燃烧时会与 1 个或 2 个氧原子结合，由此形成：
$$2C+O_2 ==== 2CO（不完全燃烧）$$
$$C+O_2 ==== CO_2$$

燃油和天然气燃烧后烟气中的 CO_2 最大值（它是燃烧完全程度的特性值）应分别为_____%与_____%；燃油和天然气燃烧后烟气中的 CO_2 最佳值应分别为_____%与_____%；燃油和天然气燃烧后烟气中的 O_2 最佳值应分别为_____%与_____%。

（6）实际供给的空气量应_____理论空气需要量（原因是燃油雾化后与空气存在混合不均匀性），就是要供给过量的空气以促使燃料完全燃烧。过剩空气系数 λ 的计算公式如下：
$$\lambda=\frac{CO_{2max}}{CO_{2实际测量值}}$$

过剩空气系数 λ 的高低表示了过剩空气的多少。如 λ=1.2 表示有_____%的过剩空气。

过剩空气系数 λ 的值应在 1.15～1.5 之间。过剩空气系数 λ 与空气量、油压、喷嘴位置等因素有关，进入燃烧室的空气量可通过燃烧器上的风门进行调节。

（7）氢和硫的燃烧

H 和 S 分别与 O 结合：
$$2H_2+O_2 ==== 2H_2O（水蒸气）$$
$$S+O_2 ==== SO_2（二氧化硫）$$

SO_2 是无色、有刺激性气味的有毒气体，易溶于水，密度比空气大。

SO_2 与水的反应形成 H_2SO_3：
$$SO_2+H_2O ==== H_2SO_3（亚硫酸）$$

在烟气中，H_2SO_3 为气态，在 48℃ 以下为液态。如果 H_2SO_3 与锈蚀氧化铁（Fe_2O_3）反应，便形成腐蚀性极强的 H_2SO_4。这个过程导致了烟囱里的烟炱（烟凝结成的黑灰），会对锅炉和烟气管道产生腐蚀作用。
$$2H_2SO_3+O_2 ==== 2H_2SO_4（硫酸）（实际是与 Fe_2O_3 反应）$$

（8）燃烧时各物质成分见图 9-1。

（9）烟气热损失的计算

1）烟气热损失可用齐格公式，齐格公式如下：
$$q_A=(t_A-t_L)\times\left(\frac{A_1}{CO_{2实测值}}+B\right)$$
$$=(t_A-t_L)\times\left(\frac{A_2}{21-O_{2实测值}}+B\right)$$

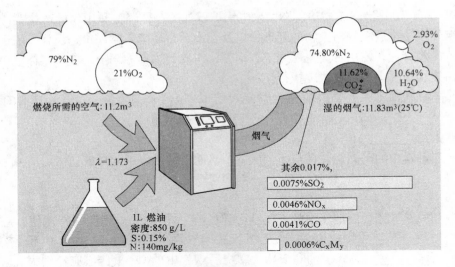

图 9-1 燃油燃烧后的产物

公式中各符号的含义：

q_A：_____ %；　　　　　　$O_{2实测值}$：_____ %

t_A：_____ ℃；　　　　　　A_1、A_2、B：见表 9-1

t_L：_____ ℃；

$CO_{2实测值}$：_____ %；

德国联邦环境保护法中的固定参数 A_1、A_2 与 B 值　　　　　　表 9-1

	轻质燃油 EL	天然气	液化气	城镇煤气	焦炉煤气
A_1	0.50	0.37	0.42	0.35	0.29
A_2	0.68	0.66	0.63	0.63	0.60
B	0.007	0.009	0.008	0.011	0.011

2）燃烧效率 η_F 的计算

$$\eta_F = 1 - q_A$$

（10）某燃油锅炉的烟气参数为 $t_A = 195℃$，$t_L = 20℃$，$CO_{2实测值} = 13\%$，求燃烧效率。

【解】　1）烟气损失的计算

2）燃烧效率的计算

（11）燃料与空气及产物关系见燃烧图（图 9-2）

（12）完全燃烧是_____，造成不完全燃烧的

因素是_____

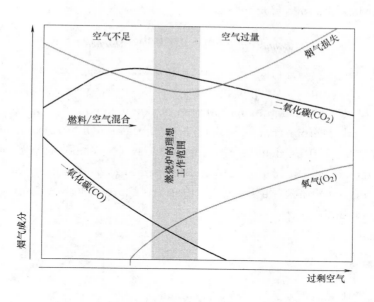

图 9-2　燃烧图

（13）燃油锅炉的烟灰黑度值为＿＿＿＿＿＿时合格，锅炉烟气黑度高说明＿＿＿＿＿＿

_____

燃气锅炉不需要测量烟气黑度值，原因是＿＿＿＿＿＿＿＿＿＿＿＿＿＿＿＿＿＿＿＿
锅炉的燃烧对环境保护影响是＿＿＿＿＿＿＿＿＿＿＿＿＿＿＿＿＿＿＿＿＿＿＿＿＿

_____

（14）熟悉下列专业英语词汇

environment　环境

flue gas　烟气

analysis　分析

measurement　测量

light fuel oil　轻质燃油

propane gas　（液化）丙烷气

natural gas　天然气

flue gas loss　烟气损失

component　成分

atmosphere　空气

oxygen　氧（气）

nitrogen　氮（气）

hydrogen　氢（气）

carbon monoxide（CO）　一氧化碳

carbon dioxide（CO$_2$）　二氧化碳

nitrogen monoxide（NO）　一氧化氮

nitrogen dioxide（NO$_2$）　二氧化氮

sulphur dioxide（SO$_2$）　二氧化硫

nitrogen oxide（NO$_x$）　氧化氮

water vapour　水蒸气

carbon　碳

sulphur　硫

acid rain　酸雨

pollution　污染

boiler　锅炉

burner　燃烧器

burn　燃烧

efficiency　效率

temperature　温度

pressure　压力

pump　泵

parts per million　（ppm）浓度

(15) Translate the following into Chinese:

ppm（parts per million）

Like "per cent（％）", ppm describes a proportion. Per cent means "x number of parts in every hundred parts", while ppm means "xnumber of parts in a million parts". For example, if a gas cylindercontains 250 ppm carbon monoxide（CO）, then if one million gasparticles are taken from that cylinder, 250 of them will be carbonmonoxide particles. The other 999, 750 particles are nitrogendioxide（N_2）and oxygen particles（O_2）. The unit ppm is ndependent of pressure and temperature, and is used for low concentrations. Iflarger concentrations are present, these are expressed as percentages（％）. The conversion is as follows：

10000ppm＝1％

1000ppm＝0.1％

100ppm＝0.01％

10ppm＝0.001％

1ppm＝0.0001％

（16）电子式烟气分析仪

现在，电子式烟气分析仪种类非常多，可以配不同的传感器进行单组分分析，也可以满足所有锅炉调整要求的分析，直接、快速、准确地得到 CO_2、CO、NO_x、O_2、SO_2 等成分的含量，还可以直接、快速地测得空气过剩系数、烟气热损失、烟气的温度、烟气压力等参数，并当场打印给客户（如图 9-3 所示），使用越来越普及。

图 9-3　带打印机的烟气分析仪及用烟气分析仪测量现场照片

图 9-4 为 Testo 325M 烟气分析仪与探头照片，这种分析仪能满足所有锅炉调整要求的 CO_2、CO、NO_x、O_2、空气过剩系数、温度、烟气压力的测量与分析。它一般应用于民用锅炉和小型工业锅炉，检测燃油、燃气或液化气锅炉的烟气热损失和热效率。

1）按键的作用

I/O 键：分析仪电源开关。

START/STOP 键：分析仪工作泵开始和停止抽吸。

箭头键：按⇨⇧⇩可以查找上一个或下一个菜单或参数。

ESC 等其他键：与电脑或图形意思相同，一看就能明白。

图 9-4　Testo 325M 烟气测量分析仪及探头

2）操作使用注意事项：

Testo 325M 可以使用电网电压，也可以使用 4 节 5 号电池。探头带 2 根吸管和 1 根信号线。在使用前，应先将 2 根吸管和一根信号线接插到仪器上的有关接口。因为有红色标志的吸管插到红色接口，有蓝色标志的吸管插到蓝色接口，信号线是专门的接口，接插时不容易插错。

烟气测量应在锅炉启动达到平衡后开始。燃油和燃气锅炉一般在启动 5min 后即可开始测量。

3）测量时先按"I/O"键，使其接通电源，分析仪的工作泵会自动抽吸 60s，将吸管内以前残存的气体排出，若仍有部分残存气体，可以按"START/STOP"键，再抽吸 60s。

4）显示器上会显示燃料的种类，按箭头键可以翻动查找燃料：LIGHT OIL（轻质燃油）、HEAVY OIL（重油）、PROPAN（丙烷液化气）、NATUR GAS（天然气）。当找到所测锅炉使用的燃料后，按"OK"（确认）键。

5）探头测杆上有一个锥形体，可以前后移动，调节探头在测量孔的深度，一般探头端部位于烟管中心。锥体上的螺丝起固定或松动作用。调节好后，将探头插入测量孔中。

6）按"START/STOP"键，工作泵启动开始抽吸，60s 后按"START/STOP"键，工作泵停止抽吸。

7）显示器上显示参数，按箭头键，显示器显示各种参数。

8）按"I/O"键，分析仪关闭。

（17）烟灰泵

在实际燃烧过程中，一般说的消除烟尘是指把烟气的黑度和含尘量降低到不会导致污染环境和危害人体健康的程度。对于锅炉还要进行烟气黑度的测量。固体燃料锅炉用林格曼黑度比较，要求应该比林格曼黑度/1 级浅些（林格曼黑度/1 级黑色占白色的份额为

20%）才能达标（如图 9-5 所示）；液体燃料锅炉用巴氏比色板比较，烟灰最大值为 2（如图 9-6 所示）。测量需要进行三次，取算术平均值。这样计算的烟气黑度不可以超过比色板上的 1 级。气体燃料的锅炉因为烟气固体颗粒可以忽略不计，所以不作烟气黑度测量。

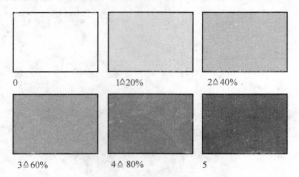

图 9-5　林格曼黑度/级比色板

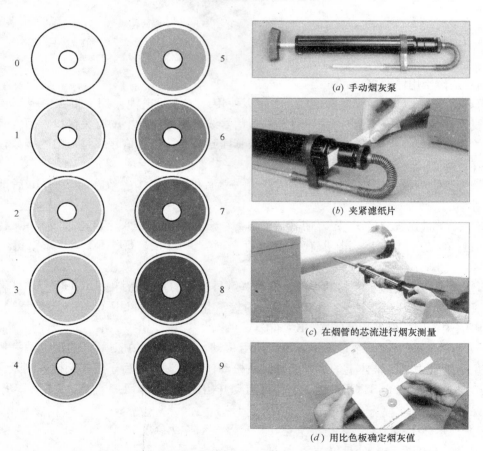

图 9-6　巴氏烟灰值比色板与烟气黑度的测量仪器

1）手动烟灰泵（图 9-6）的作用：测量锅炉烟气的黑度。

2）烟灰泵的结构：烟灰泵与打气筒类似，只不过是拉动时使劲。最前方为一金属软管，金属软管与一带齿旋钮相连，烟灰泵前方有一槽口，用于卡住测量纸。

3）操作注意事项：

① 逆时针方向拧动最前端一带齿形的旋钮，槽口缝隙打开，将一白纸条插入，顺时针方向拧动旋钮，将白纸条夹紧。

② 将金属软管插入测量孔，拉动烟灰泵手柄 10 次，拧松旋钮，将白纸条移动一格，再将其夹紧，拉动烟灰泵手柄 10 次。

4）需三次测量，计算烟灰值平均值。

4. 实施步骤

（1）各人制订实验方案与表格样式

烟气及黑度测量记录样表　　　　　　　　　　　　　　表 9-2

测量人：_____　　日期：_____　　锅炉型号：_____　　环境温度：_____

试验号	实验条件			实验数据						计算结果	
	风门	油压 (MPa)	喷嘴位置 (mm)	烟气温度 (℃)	燃烧室温度 (℃)	CO 含量 (ppm)	CO_2 含量 (%)	O_2 含量 (%)	烟气黑度值	过剩空气系数	烟气损失 (%)
1											
2											
3											

（2）到锅炉实验室或指定的锅炉房，熟悉锅炉烟气测量孔的位置。启动锅炉，待锅炉运行平稳后，准备测量。

（3）每个测量孔用烟气分析仪和手动烟灰泵测量三次，记录下有关的测量数据。

（4）学生根据实验数据，向客户（教师扮演）解释所测锅炉燃烧性能。

（5）学生分组完成一份锅炉燃烧的烟气分析报告与调试方案。

5. 评价

烟气分析任务评分表　　　　　　　　　　　　　　表 9-3

序号	评 价 项 目	分值	学生自评	教师评分
1	PPT 实验方案的完成及汇报情况（小组成绩）	10		
2	Excel 表格样式的设计（小组成绩）	10		
3	与人合作能力	10		
4	工作页的填写（实验前的测问）	10		
5	英语词汇	10		
6	英语短文翻译	10		
7	锅炉操作的熟悉程度与正确性	10		
8	烟气分析仪操作的熟悉程度与正确性	10		
9	烟灰泵操作的熟悉程度与正确性	10		
10	实验数据的读取和计算有效性	10		
11	烟气分析报告	10		

序号	评 价 项 目	分值	学生自评	教师评分
12	锅炉调试方案	20		
13	现场工具和仪器的摆放	10		
14	劳动纪律及安全生产	10		
15	场地卫生	10		
16	整体印象	10		
17	合计	10		
	百分制成绩(？/180)	180		

6. 小结

学生根据完成的项目情况进行技能训练小结，对仪器使用的熟悉程度和数据的读取及计算能力进行小结，将实验过程与自己制订的实验方案进行比较，对实验数据进行计算与分析，比较哪个因素对过剩空气系数、燃烧效率的影响较大，分析锅炉燃烧的调试方案与保护环境和燃烧的经济运行关系。

项目十 燃油和燃气锅炉的调试

1. 任务

有一客户安装了一台燃油（或燃气）锅炉，需要进行调试，现企业安排你去客户处进行调试，并教会客户进行参数设置和故障的判定。

2. 教学目的

2.1 专业能力

熟悉燃油和燃气锅炉构造，掌握锅炉调节控制器的操作，掌握油压、气压的测量和调节。熟悉专业英语词汇。

2.2 社会能力

培养学生的灵活性、思维能力及分析能力；

培养与客户沟通的能力和独立工作的能力。

3. 准备工作

3.1   准备资料

（1）锅炉及锅炉房设备. 杜渐. 中国电力出版社，2004.

（2）冷热源系统. 杜渐，中国电力出版社，2007.

（3）因特网的搜索引擎. 下载或索取不同厂家使用说明书。

3.2   准备知识

（1）燃油一般分为轻质燃油和重质燃油，即＿＿＿＿＿＿＿＿＿；燃气有＿＿＿＿＿＿＿＿
＿＿＿＿＿＿＿＿＿。天然气的主要成分是＿＿＿＿＿。

（2）燃料的低位发热量是＿＿＿＿＿＿＿＿＿＿＿＿＿＿＿＿＿＿＿＿＿＿＿＿＿＿
燃料的高位发热量是＿＿＿＿＿＿＿＿＿＿＿＿＿＿＿＿＿＿＿＿＿＿＿＿＿＿＿＿＿
一般的燃油和燃气锅炉采用＿＿＿＿＿＿＿＿发热量，冷凝水（燃烧值）锅炉采用＿＿＿＿＿＿＿＿
发热量。

（3）燃油的黏度会影响＿＿＿＿＿＿＿＿＿＿＿＿＿＿＿＿＿＿＿＿＿＿＿，恩氏黏度是指＿＿＿＿＿＿＿＿
＿＿＿＿＿＿＿＿＿＿＿＿＿＿＿＿＿＿＿＿＿＿＿＿＿＿＿＿＿＿＿＿＿＿＿＿＿＿＿，
用＿＿＿＿＿＿表示。燃油按黏度分为＿＿＿＿＿＿＿＿＿＿＿＿＿＿＿＿＿＿＿四种牌号。燃油的
密度一般在＿＿＿＿＿＿＿＿＿＿＿＿＿＿之间。燃油的凝固点是＿＿＿＿＿＿＿＿＿＿＿＿＿＿＿＿＿＿
＿＿＿＿＿＿＿＿＿＿＿＿＿＿＿＿＿＿＿＿＿＿＿＿＿＿＿＿＿＿＿＿＿＿＿＿＿＿＿。

轻柴油按其质量分为优等品、一等品和合格品三个等级，每个等级按其凝固点分为
＿＿＿＿＿＿＿＿＿＿＿＿＿＿＿＿六个牌号。

（4）燃油的闪点是＿＿＿＿＿＿＿＿＿＿＿＿＿＿＿＿＿＿＿＿＿＿＿＿＿＿＿＿＿＿＿

燃油的燃点是_____

我国合格品、一等品和优等品燃油含硫量分别为_____%、_____%和_____%。含硫量低的燃油不仅烟气中的硫氧化物少、污染小，而且露点温度也低，露点限制的放宽可以提高烟气热回收能力。

（5）燃油锅炉的燃烧装置如图10-1所示。油泵、电动机和送风机在一个公共轴上（即这三种附件在一条直线上）。燃油过滤器是阻止燃油中所含的悬浮物污染和最终堵塞油喷嘴，燃油过滤器分为单管过滤器和双管过滤器（如图10-2所示）。小型和中型燃烧器的油泵常用齿轮泵（如图10-3所示），轻质燃油以_____ MPa的压力、重油以_____ MPa的压力压出喷嘴。为降低燃油的黏度、使燃油较好地雾化，燃油预热器（如图10-4所示）将轻质燃油预热到_____℃、重油预热到_____℃。油喷嘴将燃油以平均直径_____μm的雾状液滴喷出。点火变压器能产生_____V的电压。控制装置是燃油燃烧器的控制中心，在运行过程中按照事先编程时间顺序工作。

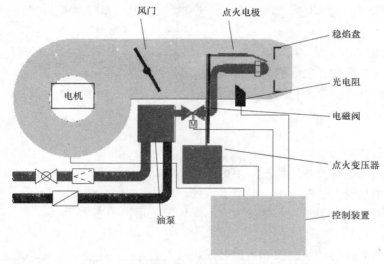

图 10-1　燃油燃烧器原理图

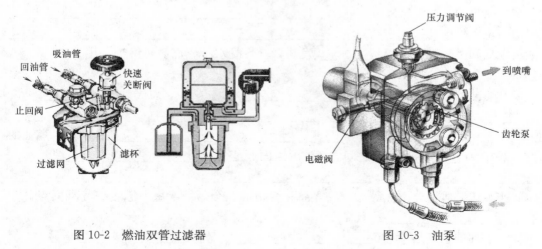

图 10-2　燃油双管过滤器　　　　　　　图 10-3　油泵

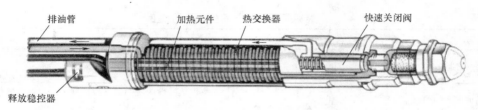

图 10-4　燃油预热器

（6）燃油比水轻，所以吸油管的端头应该位于油箱底部以上大约 10cm 的位置。此外也可以进行浮动吸油，即紧贴着油面以下吸油。如果油箱当中有水，则必须进行油箱清洗。可以用探水膏确定油中是否有水。

（7）燃油燃烧器控制装置的作用是接收信号、发出命令、安排时间流程。启动时，电动机先驱动风机工作，用空气彻底冲洗燃烧室，由此排除＿＿＿＿＿＿＿＿＿＿＿＿＿＿＿＿＿否则易导致＿＿＿＿＿＿＿＿。然后油泵和点火变压器工作，当燃烧器工作正常时，控制装置上的指示＿＿＿＿＿＿色灯亮；当有故障发生时，控制装置上的＿＿＿＿＿＿色灯熄灭、＿＿＿＿＿＿色灯亮，这时按控制装置上的黄键，使燃烧器停止工作。排除故障后再重新启动锅炉。

（8）熟悉调节控制器的键与菜单。各个公司调节控制器的外观不相同，但是功能相差不大。它的菜单有工作日和周末热水供应时间与温度值的设定、工作日和周末采暖供应时间与温度值的设定、冬季夜间采暖温度的设定、节假日的设定、供热循环泵的设定等，还有节能运行模式与聚会运行模式选择、供热特性曲线斜率的选择（如图 10-5 和表 10-1 所示）、故障显示等。

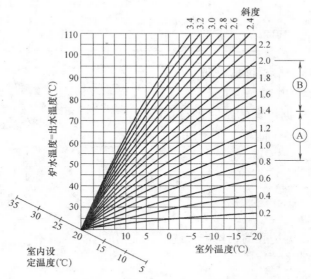

图 10-5　供热特性曲线

（9）供热锅炉的供热特性受到室外温度、供热特性曲线的水平高度以及斜度设定的影响。供热特性曲线显示的是室外温度与锅炉水温度或出水温度之间的关系，即室外温度越低，锅炉水温度或出水温度则越高。供热特性曲线的斜度通常为：

1）在低温供暖时位于"A"区，即从 0.8～1.4。

2）在锅炉水温度为 75℃ 以上的供热系统中位于"B"区，即从 1.4～2.0。

	特殊情况下供热特性曲线的改变	表 10-1

存 在 的 现 象	采 取 的 措 施
锅炉产生的炉水温度在寒冷季节里太低	将供热特性曲线的斜度设定到下一个更高的值,例如取 1.5
锅炉产生的炉水温度在寒冷季节里太高	将供热特性曲线的斜度设定到下一个更低的值,例如取 1.3
锅炉产生的炉水温度在过渡阶段和寒冷季节里太低	将供热特性曲线的水平高度设定到下一个更高的值,例如取 3
锅炉产生的炉水温度在过渡阶段和寒冷季节里太高	将供热特性曲线的水平高度设定到下一个更低的值,例如取 −3
锅炉产生的炉水温度在过渡阶段太低,而在寒冷季节里足够	将供热特性曲线的斜度设定到下一个更低的值,例如取 1.3;将水平高度设定到下一个更高的值,例如取 3
锅炉产生的炉水温度在过渡阶段太高,而在寒冷季节里足够	将供热特性曲线的斜度设定到下一个更高的值,例如取 1.5;将水平高度设定到下一个更低的值,例如取 −3

(10) 燃油的数量可以用升或者公斤计算。大多数燃油锅炉的标牌上标注的是公斤,因为质量是不会通过温度或压力改变的。燃烧器的功率范围可根据耗油量和热值确定,经验公式为:

$$燃烧器功率 = 耗油量 \times 11.63kWh/kg$$

每 10kW 热功率为每小时消耗燃油 1.1L。轻质燃油的技术参数见表 10-2。

	轻质燃油参数				表 10-2
名称	密度 (kg/dm³)	热值 (kWh/dm³)		燃点 (℃)	含水量 (mg/kg)	污物 (mg/kg)
参数	0.84	10.00	11.63	55	<200	<24

(11) 喷油嘴有 3 个参数标准,即喷油方式、喷射角度和喷油量。

1) 喷油方式:根据厂家的说明进行选择。根据喷射油雾的形状,喷油方式有 3 种(如图 10-6 所示):

S-满喷射

H-空心喷射

Q-混合喷射

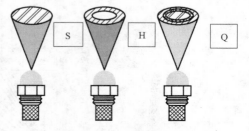

图 10-6 喷油方式与型号

2) 喷射角度:根据炉膛的结构进行选择,常用的喷射角度有＿＿＿＿＿＿＿＿。

3) 喷油量(喷嘴尺寸):

喷嘴尺寸用喷油量表示。

喷嘴上的数字表示,在油压为 7bar 时有多少加仑的油量通过。

1 加仑(USgal)相当于 3.8L 或者 3.2kg EL 燃油。喷嘴尺寸(DG)计算公式:

$$DG = \frac{锅炉功率(kW) \cdot 1.1}{3.2kg/USgal \cdot 11.63kWh/USgal}$$

这个公式只在压力为 7bar 时适用。

(12) 燃油锅炉也可以用计算尺计算(如图 10-7 所示),计算尺一般可从锅炉供应商处得到。

计算尺上有下列参数（德文和中文对比）：

1）Waermeleistung Q in kW：90%时的理想锅炉功率，kW。

2）Wirkungsgrad η in %：效率，%。

3）Heizoeldurchsatz in kg/h bzw. L/h：燃油流量（喷油量），kg/h 或 L/h。

4）Oeldruck p in bar（Oel nicht vorgewaermt）：油压，bar（燃油未预热）。

5）Duesengroesse in US-gph：喷嘴大小，US-gph。

6）Oeldruck p in bar（Oel vorgewaermt）：油压，bar（燃油预热过）。

7）Messzeit t in min：测量时间，min。

8）Oelmenge in kg bzw. L in Messzeit：在测量时间内的燃油量，kg 或 L。

9）Saugleitungsdurchmesser：吸油管直径，mm。

例如：拉动计算尺，锅炉功率为 18kW→效率为 90%→喷油量＝1.7kg/h 或 2.0L/h→可使用的喷嘴

油未预热	油经过预热
在 8bar 时＝0.5USgal	在 8bar 时＝0.55USgal
在 10bar 时＝0.45USgal	在 10bar 时＝0.5USgal
在 12.5bar 时＝0.4USgal	在 12.5bar 时＝0.45USgal

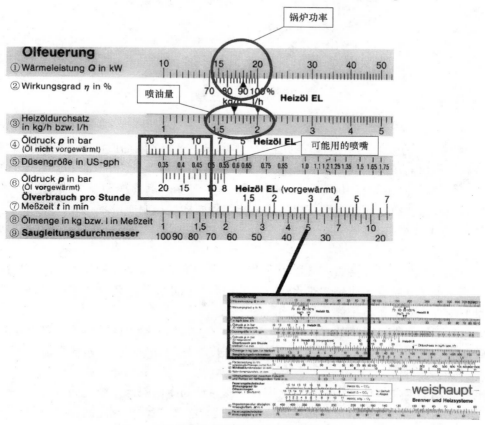

图 10-7　燃油锅炉燃烧计算尺

也可以用近似公式计算喷嘴：

在 10bar 时，喷嘴尺寸＝锅炉功率（kW）÷40

如果喷嘴压力增加或减少了 1bar，系数 40 将相应减小 2。例如当喷嘴压力降为 8bar 时，系数将降为 36。

（13）燃气锅炉的燃料有_____，燃气的优点是_____。

燃气壁挂炉的排烟方式有强排式和平衡式烟道。燃气在燃烧过程当中需要空气，燃烧的同时会产生烟气，烟气对人体有害，需要排放到室外，强排式由排风机将烟气送至室外。而燃烧所需要的空气也取自室外的烟道，称为平衡式烟道。其结构如图 10-8 所示。装有平衡式烟道的壁挂锅炉燃烧加热部分与室内环境完全隔绝，运行安全可靠，具有一定的抗风能力，要求水平烟道长度不超过 5m，垂直烟道长度不超过 2m。

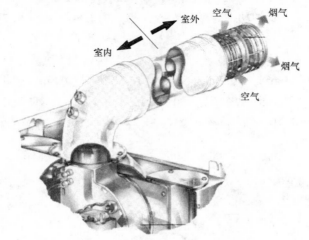

图 10-8　平衡式排烟道示意图

（14）壁挂炉应安装在平整垂直的墙上，固定安装支架的墙面应能承受壁挂炉的重量。其安装和维修所需最小空间要求为：壁挂炉两边各 5mm、壁挂炉下 150mm、壁挂炉顶部 200mm（使用后排烟风管时留 100mm）、壁挂炉前 500mm（此净距仅为满足安装和维修所需的通道和操作空间，如有可开启的门等能起到同样的作用亦可）。

（15）平衡式烟道燃气壁挂炉 VUW Turbo 的结构如图 10-9 所示。各个部件功能如下：

1）流量计（图 10-10）

若系统有热水需求，流量计会探测到水流。水的流动会驱动叶轮的旋转，一旦达到一定的转速，电子系统会接收到"热水运行"的信号。当水龙头关闭时，水流传感器探测到水流量的减少，则电子系统停止热水系统的运行。

叶轮的运动会带动其上的多极永久磁铁，位于流量计外壁上的传感器可以感知因叶轮的旋转而导致的磁场强度变化，并将这种磁场强度变化的频率转化为水流量值。

2）换向阀（图 10-11）

电力驱动的换向阀依所需的运行状态在采暖系统与生活热水系统之间进行切换。电机会驱动在阀门小室内的一个球形阀芯，依所选的运行模式在两个阀座间变换位置，把未被使用的接口通道密封。电机驱动系统由炉内电子系统控制。

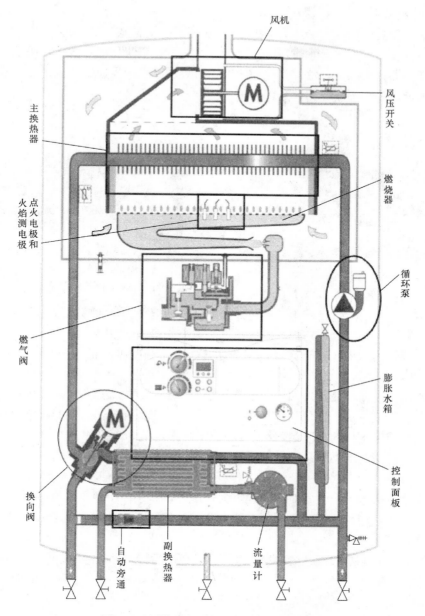

风机

风压开关

主换热器

燃烧器

点火电极
火焰测电极和

循环泵

燃气阀

膨胀水箱

控制面板

换向阀

自动旁通

副换热器

流量计

图 10-9 平衡式烟道燃气壁挂锅炉示意图

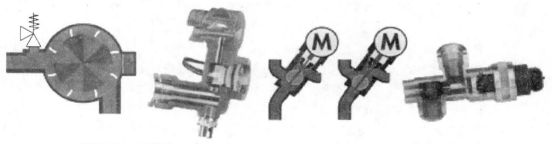

图 10-10 流量计

图 10-11 换向阀

3）副热交换器（图 10-12）

副热交换器是由层叠式金属板片焊接而成的不锈钢板式热交换器，用于加热生活热水。该换热器换热面积大，水容量小，意味着热能可以很快地由一次水传递给生活热水。

副热交换器具有以下特性：换热面积大、对热水需求的反应迅速、不受电解抑制剂影响、抗结垢能力强和不需除垢装置。

4）主热交换器（图 10-13）

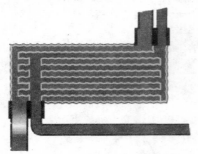 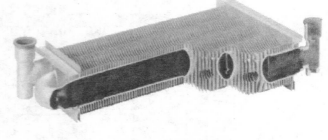

图 10-12　副热交换器　　　　　　　　图 10-13　主热交换器

燃气在燃烧室内燃烧所产生的热量通过主热交换器传递给采暖系统。主热交换器由五根铜管串联而成，并焊上铜翅片，确保从燃烧器获得最大热量。

每台壁挂炉的功率取决于铜管长度和翅片数。主热交换器的进出口处都用螺纹拧上 NTC 元件以防止过热。

如果水路出现循环故障（如炉内水量不足），缺水保护系统将启动，使壁挂炉锁定或关闭并显示故障报警信息："干烧或水量不足"，会显示故障代码，同时循环泵停止运行。

如果供水或回水处的 NTC 探测温度超过最高限定值 95℃，壁挂炉立即锁定并出现故障代码，在这种情况下循环泵会继续运转，直到供水温度降至 80℃以下。

5）循环泵

循环泵为两级水泵，供货时厂家设定为速度Ⅱ，如系统中存在水流噪声，可手动变换至速度Ⅰ。然而，壁挂炉应只在循环泵速度Ⅱ位置运行，如转至速度Ⅰ，将造成生活热水供应量下降。

循环泵工作特点是：在壁挂炉关闭后循环泵会延时运行、每隔 24h 循环泵自动转动一次。

6）膨胀水箱

壁挂炉内装有一个氮气定压的闭式膨胀水箱，当系统中的水被加热时，氮气受到压缩，吸收系统的膨胀量，在膨胀水箱内有一层橡胶膜将水与氮气隔开。

VUW Turbo 上的膨胀水箱连接在系统的回水管上，并预充压力至 0.5～0.75bar，其容量为 10L 的系统。

7）自动旁通阀（Plus 型）

旁通阀自动动作，仅在系统压差超过设定值时打开，避免了正常运行时通过旁通管路的热量损失。不需加装独立的系统旁通管路，对于使用散热器温控阀的系统非常理想。

8）风压开关（图 10-14）

风压开关根据毕托管原理工作，用于测量排气通路的压差。特殊的空气动力形状使其工作状态稳定。如果烟道堵塞或者风机出现故障使烟气流量降低，则该设备将切断壁挂锅

图 10-14　风压开关

炉的电源，使锅炉停止运行。

风压开关接管分高压管 P1 和低压管 P2，在风压开关膜的两侧和风机进风口与出风口上都分别标有 P1、P2，P1 接白色管，P2 接蓝色管。

9）风机

风机对于封闭的燃烧室有如下作用：引进新鲜空气和排出废气。

风机安装在排气侧。有两条软管，一端与风机上不同的风压孔相连，另一端与风压开关连通。在壁挂炉工作时它们将监测空气流量。在风机内安置的软管接口会产生正压，排气端的软管接口将产生负压。其压差是烟气流量的反映。在开机时，必须超过一定的压差，风压开关才会发出正常信号。若流量不够，则风压开关不发信号，燃气阀则不会打开，壁挂炉将不工作。

在壁挂炉工作时若排气量下降，压差达不到标准，风压开关信号将中断，燃气立即停止输入，壁挂炉将锁定。

10）温度传感器（NTC），见表 10-3。

温度传感器（NTC） 表 10-3

名　称	机　型	接　线	位　置
供水温度传感器	所有机型	单线接地	紧靠主换热器出口的供水管上
回水温度传感器	所有机型	单线接地	主热交换器进口水管上
速热启动 NTC	仅 Plus 型号上有	单线接地	副热交换器一次侧回水管上

11）燃烧器（图 10-15）

燃烧器有部分预混式和完全预混式燃烧器（图 10-16、图 10-17），VUW Turbo 为部分预混式，由带喷口的配气总管和混气小室组成，使用天然气或液化气，具有良好的燃烧性能，不受燃气中混合的添加剂或压力波动的影响。在整个调节范围（40%～100%）之内保持平稳的燃烧和点火。

图 10-15　主燃烧器

12）自动点火系统

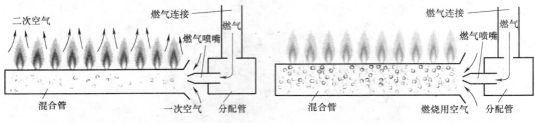

图 10-16　部分预混合燃烧器工作原理　　　图 10-17　完全预混合燃烧器工作原理

自动点火系统点燃燃气并监视火焰。若监测电极在 8s 的安全周期内没有探测到火焰，它将再试点火两次。在每两次点火之间点火器会等待 15s。若第三次点火还未成功，壁挂炉就锁定，此时只能通过按"复位"钮来重新启动壁挂炉。

13）点火电极和火焰监测电极

与燃烧器间隔一定距离处（便于点燃可燃的混合气）安装有一对电子点火电极，用于打出电火花并将燃气和空气的混合气点燃。

在紧临点火电极的左侧装有火焰监测电极，电极顶部在燃烧器之上保持一固定的位置，正好处于燃烧时产生的火焰之中。它是利用火焰电离原理，即燃气火焰在 500℃ 以上，气体电离出离子而导电，无火焰时燃气与空气混合物不能电离而不导电（电阻无穷大）。燃气到达燃烧器处被点燃而产生火焰，加于电极上的交流电会转化为脉冲的直流电，电流从监测电极经燃气火焰到达燃烧器。此过程被反馈到电子控制系统，表明系统工作正常。如果监测系统没有感知到火焰，壁挂炉会等待 8s，然后锁定。

14）燃气阀（图 10-18）

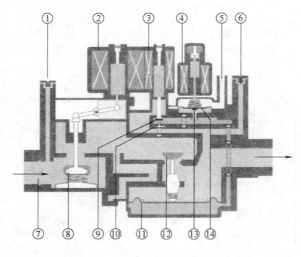

图 10-18　燃气阀

它们有两个电控安全阀和一个电子模拟调节阀。

① 燃气供气压力检测点

② 阀门进/出口导向线圈

③ 阀门进/出口伺服线圈

④ 模拟线圈

⑤ 燃烧室连通点

⑥ 燃气输出压力检测点

⑦ 过滤器

⑧ 1 号主燃气阀

⑨ 操作阀

⑩ 伺服开口

⑪ 伺服隔膜

⑫ 2 号主燃气阀

⑬ 调节阀

⑭ 压力调节隔膜

（16）燃气系统压力的检测和调节

1）燃气进口工作压力：

① 拧松装在测量点"P. IN"处的密封螺丝；

② 将 U 形压力计接到进口测量点上；

③ 完全打开热水龙头使壁挂炉满负荷工作；

④ 检查 U 形压力计读数是否在 25mbar。

2）燃烧器压力

燃烧器压力已在出厂时设定好，不需再作调整，如想检测使用天然气时主燃烧器的压力，按如下方法连接 U 形压力计：

① 拧松在燃气阀"P. Out"检测点上的密封螺丝，并将 U 形压力计接到检测点上；

② 拆下塑料密封帽，并将 U 形压力计软管的另一端接到燃烧室的塑料软管上；

③ 检查燃烧器的压力。

3）调节点火燃气流量：

① 按上述方法接上接头；

② 按住"＋"按键同时将主开关拧至 I 位上；

③ 按"＋"按键直到"P2"出现在显示屏上（显示会在"P1"和"P2"之间变换）；

④ 按"i"键开始调整程序，壁挂炉会以原设定的点火流量运行；

⑤ 用一把小改锥起下用来保护调节螺丝的塑料帽；

⑥ 用一把小改锥转动里面的螺丝调节点火流量，顺时针转动是增加点火流量，逆时针转动是减少点火流量；

⑦ 调整压力直到下面表格中所详示的燃气点火流量值（实际测压力值）。

燃烧器调整压力 表 10-4

	点火压力	压力范围	最大压力
燃烧器压力（mbar）	1.9	2.1　2.9　3.7　4.7 5.8　6.7　8.4	9.8

注意：为保证燃气阀正确运行，须保证塑料密封帽重新装上；主燃烧器燃气压力在这时必须重新检查。

4）调节采暖输出功率（可调范围内调节）

VUW Turbo Plus 型对于采暖运行是充分可调的，所以不是必须调节壁挂炉的输出功率。如要调节可依如下方法（在调节过程中不要打开热水龙头）：

① 连接 U 形压力计检测燃烧器压力；

② 记录原有的燃烧器压力；

③ 采暖水温调节钮调至最大；

④ 保证所有的散热器温控阀都已打开并开至最大；

⑤ 同时按下并释放"＋"和"i"按键来显示燃烧器压力模式；

⑥ 出现"d. 0"以后，按下"i"键出现数字（1～15），通过"＋"或"－"键选择所需要的数字（喷嘴压力）；

⑦ 依表 10-4 中所注最大燃烧器压力数值检查 U 形压力计读数；

⑧ 确定所需的输出功率并调节与之对应的燃烧器压力（mbar）；

⑨ 按随后所示步骤调节采暖部分热负荷；

注意：依此法调节采暖部分热负荷后，新的热输出功率可以根据表 10-4 中所列数值确定。

⑩ 在壁挂炉记录册里记下采暖运行压力及热输出功率和供、回水温差。

（17）电子元件、电子线路及显示器菜单

这部分内容，由于各个厂家设计不一样，可以参考各厂家的说明书。

（18）Translate the following into Chinese：

SPECIFICATIONS

Firelake Waste Oil Heaters and Boilers are designed from the ground up to burn waste oil and other petroleum based products. Started by Shenandoah Manufacturing Co. Inc. in September 1989，our waste oil heaters and boilers have become the premier waste oil heating equipment in the industry.

Firelake Mfg. LLC has been a family owned business since its inception. The Dassel，MN facility has been a metal fabricator since the early 1950's. In October 2002，Firelake Mfg. LLC obtained the Shenandoah® waste oil heater and boiler lines. Many of the same employees from Shenandoah Manufacturing Co. Inc. are with Firelake Mfg. LLC to continue to lead the industry with new technology and products.

We will continue to grow our heater and boiler product lines-now with the new HORIZON name-with the Shenandoah tradition of innovative designs，technology and exceptional customer service.

4. 实施步骤

4.1 上网了解客户服务记录的内容和格式，用计算机编制调试记录页；准备调试用仪器和工具。

4.2 与客户交流，了解客户的要求。

4.3 检查锅炉水路、油路、气路、电路。

4.4 根据客户的要求（如工作日和周末热水供应时间段与采暖时间供应段，热水、采暖和夜间采暖温度，节假日等），调试调节控制器，教会客户自己调节。

4.5 启动锅炉，测量和调试油压、气压和水压，调节燃烧功率。

4.6 教会客户判断故障指示及紧急处理。

5. 评价

燃油和燃气锅炉调试评分标准

表 10-5

序号	评 价 项 目	分数	学生自评	教师评分
1	调试记录页的编制	10		
2	仪器和工具的准备	10		
3	调节控制器的调节	20		
4	锅炉的启动	10		
5	油压/燃气的测量与调试	20		
6	安全	10		
7	与客户的沟通能力	10		
8	英语短文的阅读能力	10		
合计	？ /100 =	100		

6. 小结

总结在燃油/燃气锅炉的调试步骤中，哪些部件和元器件还不太熟悉，哪些掌握比较好；哪些调试比较顺手，哪些调试比较陌生；在与客户交流中应注意什么；哪些在事先考虑不周；锅炉安置间布置时应考虑哪些事项等；自己另外想到的问题。

项目十一　通风与空调系统的测试

1. 任务

一客户空调系统安装完工后，需要进行测量和调试。

2. 教学目的

2.1　专业能力

掌握风速计、温度计和湿度计测量的方法与风量计算的技能，加深认识温度和湿度之间的关系，加深对节能的理解。了解空调系统调试的过程。

熟悉专业英语词汇。

2.2　社会能力

培养学生严谨的科学态度和工作作风；培养学生独立工作和与别人合作的能力；学习综合考虑问题的能力。

3. 准备工作

3.1　参考资料

(1) 通风与空调工程. 本教材编审委员会. 中国建筑工业出版社，2005.

(2) 热工学基础. 余宁. 中国建筑工业出版社，2005.

(3) 德图仪器国际贸易（上海）有限公司网站www.testo.com.cn。

(4) 网络搜索引擎。

3.2　准备知识

(1) _____称为绝对湿度，
_____称为相对湿度。

(2) _____称为热力学温度，
摄氏温度与热力学温度的关系式分别是_____

(3) 人体舒适的温度与湿度范围分别在_____
_____

(4) 测量湿度的仪器有_____，测量风速的仪器有_____，风速与风量的关系式是_____。测量噪声的仪器有_____，测量风压的仪器有_____

(5) Testo 425 风速/温度测量仪（图 11-1）电源与按

图 11-1　Testo 425 风速/
温度测量仪

①探头；②显示屏；③控制按钮；
④背面：电池盒；⑤背面：维护室

116

键功能

Testo 425 风速/温度测量仪由 9V 块状电池（随机提供）或充电电池提供电压。不能用电源装置来运行仪器或在仪器中给充电电池充电。按钮功能见表 11-1。

按钮功能 表 11-1

按　钮	功　能	说　明
〔 ⏻ 〕	打开仪器	给热敏传感器加热(5s) 打开测量视图：显示当前读数，如果无可用的读数，显示——。
	关闭仪器(按下并保持大约 2s)	直到显示熄灭。
〔 ☀ 〕	打开/关闭显示灯	
〔Hold/Max/Min〕	保持读数，显示最大/最小值	
〔 ↵ 〕	打开/关闭配置模式(按下并保持)； 在配置模式下：确认输入	
〔 △ 〕	在配置模式下：增加值、选择选项	
〔 ▽ 〕	在配置模式下：降低值、选择选项	
〔Mean〕	多点和时间段平均值计算	
〔Vol〕	体积流量	

显示屏上〔▮▮▮▮〕表示电池容量（在显示屏的右下角）：当电池符号有 4 段亮时，表示仪器电池完全充满；当电池符号 4 段都不亮时，电池差不多用完。

（6）Testo 425 风速/温度测量仪执行设置

1）打开配置模式：

打开仪器并进入测量视图。不激活 Hold（保持）、Max（最大）或 Min（最小）。

按下〔↵〕并保持（约 2s）直到显示改变。

仪器现在处于配置模式下。

使用〔↵〕可以切换到下一个功能。可在任何时候退出配置模式。为此，按下〔↵〕并保持（约 2s）直到仪器已切换到测量视图。已在配置模式下所作的任何改变将被保存。

2）设置截面积：

打开配置模式，"m²" 或 "in²" 就闪烁。

用△/▽设置截面积，并用〔↵〕确认。

3）设置绝压：

绝压的用途在于给风速测量值提供压力补偿。绝压必须经由其他仪器测出或者从当地气象站获得。

打开配置模式，"HPA"或者"InHG"亮起。

用△/▽选择所需的选项，并用 ⏎ 确认。

4）设置测量单位：

打开配置模式，"UNIT"（单位）就亮起。

用△/▽选择所需的测量单位，并用 ⏎ 确认。

（7）执行测量

1）打开仪器并处于测量视图下。置入探头，并读取读数。

2）改变测量通道显示方式：为了在温度（℃）和计算得出的体积流量（m³/h）的显示之间切换，按 Vol 。

3）保持读数，显示最大/最小值：可以记录当前读数，可以显示最大和最小值（从仪器最后一次打开以来）。

按 Hold/Max/Min 几次直到显示所需的值。依次显示以下内容：

Hold—记录的读数

Max—最大值

Min—最小值

当前读数

4）复位最大/最小值：所有通道的最大或最小值可复位到当前读数。

按 Hold/Max/Min 几次直到 Max（最大值）或 Min（最小值）点亮。按下并保持 Hold/Max/Min（约 2s），所有最大或最小值复位到当前读数。

（8）干湿球温度计是利用＿＿原理制成的。其构造是用两支温度计，一支在球部＿＿＿＿＿＿＿＿＿＿＿＿＿＿＿＿＿＿＿＿＿＿＿＿称为湿球。另一支＿＿＿＿＿＿＿＿＿＿＿＿＿＿＿＿＿＿＿＿＿＿＿称为干球（干球即表示气温的温度）。如果空气中水蒸气量未饱和，湿球的表面便不断地蒸发水汽，并吸取汽化热，因此湿球所表示的温度都比干球所示要低。空气越干燥（即湿度越低），蒸发越快，不断地吸取汽化热，使湿球所示的温度降低，而与干球间的差增大。相反，当空气中的水蒸气量呈饱和状态时，水便不再蒸发，也不吸取汽化热，湿球和干球所示的温度，即会相等。使用时，应将干湿计放置距地面＿＿＿＿＿＿＿＿＿＿＿＿＿＿ m 的高处。读出干、湿两球所指示的温度差，在该湿度计所附的对照表中可查出＿＿＿＿＿＿＿＿＿＿＿＿＿＿＿＿＿。因为湿球所包的纱布水分蒸发的快慢，不仅和当时空气的相对湿度有关，还和空气的流通速度有关。所以干湿球温度计所附的对照表只适用于指定的风速，不能任意应用。

（9）矩形风管测定孔的孔径为＿＿＿＿＿＿＿＿＿＿＿ mm，孔开在风管的＿＿＿＿＿＿＿边。因为风管断面上的气流是不均匀的，测点越多，结果越准确。测定位置如图 11-2 所示，圆形风管测定的位置如图 11-3 和表 11-2 所示。同一横截面的各处风速/风量不同的原因是

＿＿＿＿＿＿＿＿＿＿＿＿＿＿＿＿＿＿＿＿＿＿＿＿＿＿＿＿＿＿＿＿＿＿＿＿＿＿＿

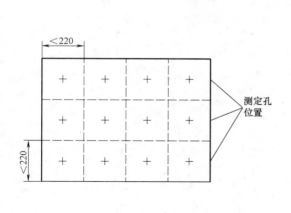
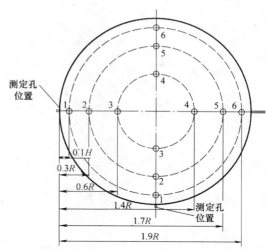

图 11-2　矩形风管测定断面内测定位置　　　　　　图 11-3　圆形风管测定断面内测定位置

圆形风管测定截面内各圆环的测点与管壁的距离　　　　　　　　表 11-2

圆环个数 测点号	3	4	5	6
1	0.1R	0.1R	0.05R	0.05R
2	0.3R	0.2R	0.2R	0.15R
3	0.6R	0.4R	0.3R	0.25R
4	1.4R	0.7R	0.5R	0.35R
5	1.7R	1.3R	0.7R	0.5R
6	1.9R	1.6R	1.3R	0.7R
7		1.8R	1.5R	1.3R
8		1.9R	1.7R	1.5R
9			1.8R	1.65R
10			1.95R	1.75R
11				1.85R
12				1.95R

　　(10) 风口处的气流比较_____，测定难度较大，只有不能在分支管处测量时，才在风口处测定。一般用叶轮式风速仪紧贴送风口进行测量。面积较大的风口可用定点测量法，即把边长划分为等于 2 倍风速仪直径的小方块，在每个小方块的中心逐个测定风速，最后取平均值（图 11-4）。这种方法误差较大，在必要时应进行修正，但修正系数不易得到；或者在散流器出口加罩测定（图 11-5），以提高测量精度，但加罩会增加系统阻力，使测定风量小于实际风量；或者在罩子的出口加一可调速的轴流风机（图 11-6），测量时改变风机的转速，使风口出口处的静压为 0，以不增加风口出风的阻力和不产生吸引作用。

　　(11) 干湿温度计温度差越小，气温_____

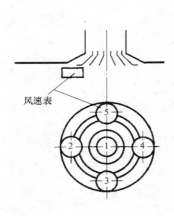

图 11-4　用风速仪测定散流器口的平均风速

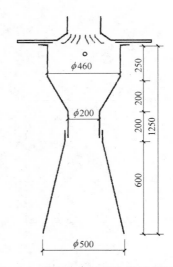

图 11-5　普通加罩法测定散流器风量

（12）送风量大于设计风量的原因是＿＿＿＿＿＿＿＿＿＿＿＿＿＿＿＿＿＿＿＿＿＿＿＿

＿＿＿

（13）送风量小于设计风量的原因是＿＿＿＿＿＿＿＿＿＿＿＿＿＿＿＿＿＿＿＿＿＿＿＿

＿＿＿

（14）测定室内实际热负荷时，应选择送回风口较＿＿＿＿＿＿、门窗可密封的有代表性的房间。

（15）测定工艺设备产生的负荷时，应当工艺设备正常运转后测定，围护结构产生的热负荷可＿＿＿＿＿。同时应选择没有太阳辐射的时间、在室内外温度基本＿＿＿＿＿的情况下进行。

（16）Translate the following into Chinese：

An anemoscope is an obsolete device invented to show the direction of the wind, or to foretell a change of wind direction or weather.

Hygroscopic devices, in particular those utilizing catgut, were considered as very good anemoscopes, seldom failing to foretell the shifting of the wind.

The ancient anemoscope seems, by Vitruvius's description of it, to have been intended rather to show which way the wind actually blew, than to foretell into which quarter it would change.

Otto von Guericke also gave the title anemoscope to a machine invented by him to foretell the change of the weather, as to fair and rain. It consisted of a little wooden man, who rose and fell in a glass tube, as the atmospheric pressure increased

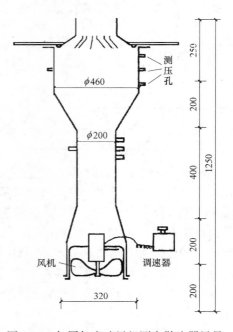

图 11-6　加罩加变速风机测定散流器风量

or decreased. Accordingly, M. Comiers has shown that this was simply an application of the common barometer. This form of the anemoscope was invented by Leonardo Da Vinci.

Marcus Vitruvius Pollio (born c. 80~70 BC, died after c. 15 BC) was a Roman writer, architect and engineer (possibly praefectus fabrum during military service or praefect architectus armamentarius of the apparitor status group), active in the 1st century BC. By his own description Vitruvius served as a Ballista (artilleryman), the third class of arms in the military offices. He likely served as chief of the ballista (senior officer of artillery) in charge of doctores ballistarum (artillery experts) and libratores who actually operated the machines. He has been called by some 'the world's first known engineer'.

4. 实施步骤

（1）各组学生到通风空调实验室或教师指定的空调系统，熟悉空调系统的组成，画出空调系统平面图与轴测图。

（2）小组成员分工，测量空调启动前的室内温度和湿度。

（3）熟悉空调风管测量孔（如新风入口、混合室、送风口、回风口等）的位置，在平面图上注出测量的位置。制订测量安全注意事项。

（4）启动空调，等室内温度基本稳定后进行测量。对每个测量截面进行均分、测量，记录下有关的测量数据，并测定室内平衡后的温度和相对湿度。

风速/温度测量仪记录　　　　　　　　　　　　　　表 11-3

室内/测点序号	温度(℃)	风速(m/s)	风量(m³/min)	说　　明

干湿球温度计测量记录　　　　　　　　　　　　　表 11-4

室内/测点序号	干球温度(℃)	湿球温度(℃)	相对湿度(%)	说　　明

5. 评价

通风与空调系统测试评分标准　　　　　　　　　表 11-5

序号	评价项目	分数	学生自评	教师评分
1	平面图的绘制	20		
2	系统图的绘制	20		
3	室温与湿度的测量	10		
4	风管中风速的测量	20		
5	风口中风速的测量	20		

序号	评 价 项 目	分数	学生自评	教师评分
6	风管中湿度的测量	10		
7	管道的尺寸	20		
8	英语短文的阅读能力	20		
9	空调系统评价报告	30		
10	安全	10		
11	与人合作能力	10		
合计	? /190 ＝	190		

6. 小结

各组学生完成一份该通风与空调系统的评价报告与调试方案。分析决定一个优秀通风与空调系统的因素有哪些，调试应注意哪些事项。

项目十二　室内供暖工程设计

1. 任务

1.1　原始资料

某三层行政楼（如图12-1～图12-3所示），所在地由客户定。该楼为砖混建筑物，该建筑物各层计算层高：一层3.2m，二层3.0m，三层3.2m。建筑物北面有完善的热水供暖外网，供水温度95℃，回水温度70℃。

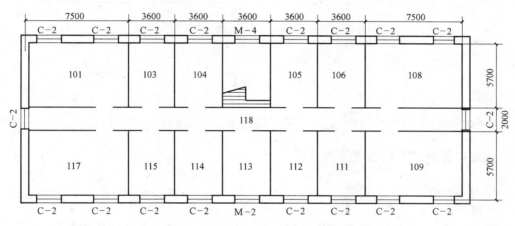

图 12-1　底层建筑平面图

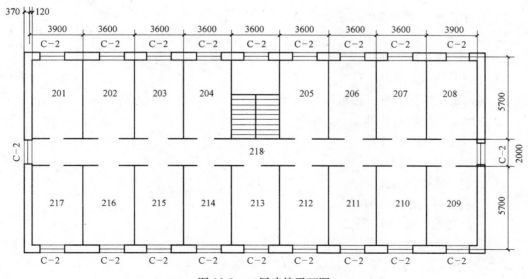

图 12-2　二层建筑平面图

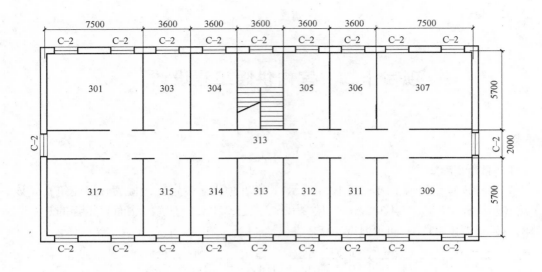

图 12-3　顶层建筑平面图

1.2　热源

热水来自附近锅炉房的热水锅炉，采用机械循环。热水干管为地沟敷设。

1.3　完成设计室内供暖系统下列任务

（1）设计说明书

1）封面、前言、目录。

2）设计任务：根据工程性质及设计任务书的要求，说明本设计供暖系统的任务及范围。

3）原始资料：建筑物的用途，供暖干管的位置、方向，接管点位置。

（2）计算书

1）不同用途房间的采暖温度与当地有关采暖数据；

2）供暖热负荷计算；

①房间围护结构传热耗热量计算。

②冷风渗透耗热量计算。

③冷风侵入耗热量计算。

3）供暖管材的选择；

4）确定热水供回方案；

5）供暖管道的水力计算；

6）散热器的计算与选择；

7）热水泵的选型。

（3）具有一定技术和经济比较说明的设计方案

（4）设计图纸

1）底层、二层和顶层平面图各一张（用 CAD 绘制）

包括内容：供暖引入管进户点和散热器及管道的平面布置、设备数量等。

2）供暖系统图一张（用手工绘制）

包括管道标高及规格型号，阀门的位置、标高及数量，散热器的规格型号及数量等。

3）大样图（用手工绘制）：热力入口。

（5）参考资料

2. 教学目的

2.1　专业能力

使学生掌握一般民用或工业建筑供暖工程的设计程序、方法和步骤。熟悉国家和地方采暖的有关规定、技术措施和设计原则，学会使用有关的技术手册和设计资料，提高计算和绘图技能，提高对实际工程问题的分析和解决能力。

熟悉专业英语词汇。

2.2　关键能力

培养学生严谨的科学态度和工作作风，培养学生与人合作和独立工作的能力，自觉地树立精心设计的思想。

3. 准备工作

3.1　参考资料

（1）采暖通风与空气调节设计规范 GB 50019—2003. 中国计划出版社，2003.

（2）实用供热空调设计手册（上、下册）. 第二版. 陆耀庆. 中国建筑工业出版社，2008.

（3）分户热计量采暖系统设计与安装. 李向东. 中国建筑工业出版社，2004.

（4）暖通空调设计与通病分析（第二版）. 李娥飞. 中国建筑工业出版社，2004.

（5）暖通空调设计图集（1、2）. 刘宝林. 中国建筑工业出版社，2004.

（6）暖通空调工程优秀设计图集. 中国建筑学会暖通空调分会. 中国建筑工业出版社，2007.

（7）暖通空调新技术设计实例图集. 全国暖通空调技术信息网. 中国建材工业出版社，2003.

（8）供暖系统温控与热计量技术. 徐伟、邹瑜、朗四维. 中国计划出版社，2000.

（9）采暖通风与空气调节制图标准 GBJ 114—88. 中国计划出版社，1998.

（10）民用建筑节能设计标准（采暖居住建筑部分）. JGJ 26—95. 中国建筑工业出版社，1996.

（11）住宅建筑规范 GB 50368—2005（暖通部分）.

（12）地面辐射供暖技术规程. JGJ 142—2004. 中国建筑科学研究院. 中国建筑工业出版社，2004.

（13）供热工程. 蒋志良主编. 中国建筑工业出版社，2005.

（14）建筑给水排水供热通风与空调专业实用手册. 杜渐主编. 中国建筑工业出版社，2004.

（15）建筑设备设计施工图集-采暖卫生给水排水燃气工程. 中国建材工业出版

社，2002.

（16）暖通空调分册—国家建筑标准设计图集. 中国水利水电出版社，2006.

3.2 准备知识

（1）供暖系统的热负荷是_____，房屋热损失是_____，房屋热损失的组成为_____

_____

（2）围护结构的附加耗热量有_____，应分别_____

_____确定。

（3）自然循环热水采暖系统是_____，其特点和适用的范围是_____

_____

（4）机械循环热水采暖系统是_____，其特点和适用范围是_____

（5）_____为同程热水采暖系统，其特点是_____

_____。_____为异程热水采暖系统，其特点是_____

_____。

（6）常用的排气装置的种类及作用原理分别是_____

_____

（7）膨胀水箱的作用有_____

_____。在重力循环系统中膨胀水箱的膨胀管与水系统管路的连接点在_____。在机械循环系统中，一般接至_____。连接点处的压力，无论在系统不工作或运行时，都是_____的，此点因而也称_____点。

（8）疏水器的种类有哪些？其适用范围是什么？

_____

_____

_____

_____

_____

疏水器的作用是_____。

一般都安装在管路系统中的_____

（9）供暖施工图包括系统平面图、轴测图、详图、设计施工说明和设备、材料明细表等。

平面图应标明_____，

顶层平面图还应标明_____

_____。底层平面

图还应标明_____

_____。系统轴测

图应标明_____

_____等。详图、设计、施工说明应

与_____相照应。

（10）在集中供热系统中以水作为热媒，特点是_____

_____；以蒸汽作为热媒，特点是_____

_____

_____

（11）在蒸汽采暖系统中，凝水回收系统的形式有哪些，各适用于哪些场合？

_____

_____

_____

_____

_____

（12）供热介质的确定原则是：_____

_____

_____

_____

（13）补给水泵的定压方式主要有_____

_____

（14）Translate the following into Chinese：

Up and down the country, radiators clank their way back to life after a summer of hibernation.

With energy bills soaring in recent years, and more people aware of energy consumption, many make it a point of principle that their heating stays off until the start of October, which means any nippy late September mornings just have to be endured.

But given how mild the autumn has been so far, others may wait a couple more weeks before the big switch-on.

Only a small fraction of UK homes are without central heating today. In the last comprehensive survey, in 2004, it was 7% of households, and that has probably dropped further since.

Far from being a modern invention, there were forms of central heating systems in ancient Greece, and later the Romans perfected what were called hypocausts to heat public baths and private houses.

In late Victorian Britain, well-to-do houses had a form of central heating. Cragside in Northumberland, the family home of engineer Lord Armstrong, was a famous example, with ducts built into the floors to carry warm air around the building.

But it was a long time before central heating became widespread and affordable, and fired by a gas boiler.

4. 实施步骤

4.1 分组阅读及理解设计原始资料
3～4人组成一个小组，分组阅读和理解设计原始资料。

4.2 与客户交流
向客户（教师扮演）了解具体细节和要求（如供暖地点、各个房间的用途和供暖要求、对管道布置的要求、散热器的要求等——各组不同），并与客户进行讨论。

4.3 实施
（1）小组集体学习采暖设计规范及相关参考书，查阅气象条件，借阅类似的采暖设计。

（2）分析围护结构特点，拟定1～2个方案，并绘制系统的草图。再与客户进行讨论，分析和比较系统的优点与缺点及经济效益，确定方案，用备忘录的形式记录下与客户讨论的结果。

（3）制定设计步骤，小组进行分工实施。确定采暖系统的形式（根据外网分析引入口的位置），主要采暖设备的构件，型号的选择及布置，系统的排水及空气的排除，管道的坡度及坡向。进行计算。

（4）绘制图纸

5. 评价

供暖工程设计评分标准 表 12-1

序号	评价项目	分数	学生自评	教师评分
1	与客户沟通的能力	10		
2	信息的收集	10		
3	供暖热负荷的计算	40		
4	散热器的计算	30		
5	水力计算和管径的确定	10		
6	设计说明书	10		
7	三层平面图（附件、设备与管线的布置，线型和尺寸标注）	30		

序号	评价项目	分数	学生自评	教师评分
8	供暖系统图(线型、尺寸标注、与平面图的一致性)	10		
9	大样图(线型、尺寸标注、与标准图的一致性)	10		
10	方案的确定	10		
11	CAD绘图能力	10		
12	手工绘图能力	10		
13	供热工程原理理解和掌握总印象	20		
14	与小组成员的合作能力	10		
15	英语能力	10		
16	备忘录的完整性	10		
	合计? /240	240		

6. 小结

与教师和小组成员沟通后,小结自己在供暖工程设计中的收获与不足。总结供暖设计的实施步骤与注意事项。

项目十三　通风工程设计

1. 任务

某建筑为一砖混结构的办公建筑，地下层为汽车停车场。设计该建筑的汽车停车场通风系统。该建筑地下层平面图与立面图见后。车库地坪距梁底 3.4m，梁高 0.5m。

交付任务需包括以下内容：

（1）通风系统设计

1）目录；

2）设计任务（根据工程性质及设计任务的要求，说明本次设计通风系统的任务及范围）；

3）确定通风方案；

4）通风量的设计计算；

5）确定室内气流组织；

6）初步布置送、回风系统管道及送、回风风口位置、数量；

7）通风系统的水力计算，确定风管断面尺寸及计算各系统阻力；

8）根据水力计算结果选择风机；

9）参考文献。

（2）除尘系统设计

1）目录；

2）设计任务（根据工程性质及设计任务书的要求，说明本次设计除尘系统的任务及范围）；

3）设计准备；

4）确定尘源控制及捕集方式；

5）进行集气吸尘罩设计；

6）排风量的设计及计算；

7）选择除尘器；

8）绘制除尘系统计算草图；

9）选择合理的空气流速；

10）进行管网阻力平衡计算及计算系统总压力损失；

11）选择风机；

12）绘制除尘工程施工图；

13）写出对本次设计的总结；

14）参考文献。

2. 教学目的

2.1 专业能力

使学生掌握建筑通风和除尘工程的设计程序、方法和步骤，了解通风工程设计的各个环节。熟悉国家和地方的有关规定和技术措施，学会使用有关的技术手册和设计资料，掌握使用计算机绘图的方法。

熟悉专业英语词汇。

2.2 社会能力和个人能力

培养学生严谨的科学态度和工作作风，重点培养学生独立工作和与人合作的能力。

3. 准备工作

3.1 参考资料

（1）采暖通风与空气调节设计规范. GB 50019—2003. 中国计划出版社，2003.

（2）实用供热空调设计手册（上、下册）（第二版）. 陆耀庆. 中国建筑工业出版社，2008.

（3）暖通空调设计与通病分析.（第二版）. 李娥飞. 中国建筑工业出版社，2004.

（4）暖通空调设计图集（1、2）. 刘宝林. 中国建筑工业出版社，2004.

（5）暖通空调工程优秀设计图集. 中国建筑学会暖通空调分会. 中国建筑工业出版社，2007.

（6）暖通空调新技术设计实例图集. 中国建材工业出版社，2003.

（7）采暖通风与空气调节制图标准. GBJ 114—1998. 中国计划出版社，1998.

（8）住宅建筑规范（暖通部分）GB 50368—2005. 中国计划出版社，2005.

（9）建筑给水排水供热通风与空调专业实用手册. 杜渐主编. 中国建筑工业出版社，2004.

（10）暖通空调分册-国家建筑标准设计图集. 中国水利水电出版社，2006.

（11）全国民用建筑工程设计技术措施（暖通空调·动力）. 中国建筑标准设计研究所编. 中国计划出版社，2003.

（12）简明通风设计手册. 孙一坚主编. 中国建筑工业出版社，1997.

（13）暖通空调. 陆亚俊、马最良、邹平华编著. 中国建筑工业出版社，2002.

（14）民用建筑工程暖通空调及动力施工图设计深度图样（04K601）. 中国建筑标准设计研究院. 中国建筑标准设计研究院出版，2004.

（15）民用建筑采暖通风设计技术措施. 中国建筑科学研究院建筑设计研究所等. 中国建筑工业出版社，1983.

（16）搜集有关产品样本资料（一般包括下列主要设备及附件）：风机，除尘器，风量调节阀，防火阀，送、回风口，保温材料，消声器，过滤器等.

3.2 准备知识

（1）自然通风是_____

_____；机械通风是_____

_____

（2）怎样确定系统是采用全面通风还是局部通风?

_____

_____

_____

_____

_____

_____

_____

（3）常见的空气净化设备有_____

_____

_____

（4）常用的制作风道的材料有_____

_____

_____

（5）排气管道防止回流的措施有_____

_____

_____

_____

提示：排气管道防止回流的措施有以下三种方式，如下图所示：

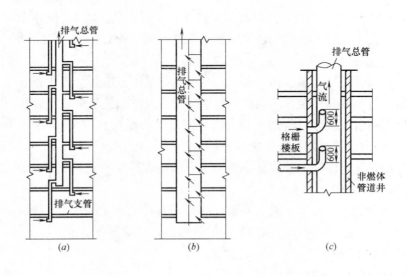

图 13-1　排气管道防止回流的的措施
（a）开式系统，（b）、（c）闭式系统。

(6) 风管系统的水力计算方法有_____

(7) 常见的防排烟方式有_____

(8) 局部排风罩按其作用原理分为哪些类型，各有什么特点？

_____

_____

_____

_____

_____

(9) 风机的种类有_____

(10) Translate the following into Chinese：

Cleaning a garage is one of the more arduous tasks that home owners need to tackle. Therefore, it should be treated with the proper level of preparation. Most likely, this task will take an entire day, if not a weekend at least. Unfortunately, garages have a tendency to become the messiest parts of our homes due to the amount of "stuff" that gets attracted to it, and the lack of people that see it. However, it is still a bother to have an entire room in shambles, and it becomes especially troublesome when we actually have to use something that is stored in the depths of our garage.

We are all guilty in saying that we will clean and maintain our garage one of these days. The truth is your garage will most likely never stay completely clean because it is so close to the outdoors, and while it may stay tidy and organized, the close proximity to nature is really what makes cleaning out a garage so difficult and time consuming.

Over the course of time, your garage will most likely become the home to many different kinds of insects as well as intolerable amounts of dust, leaves and other wind blown foliage, and perhaps even some small animals that are not your pets. This can create quite the mess, and cleaning this problem up will require some hard work and determination. Your first order of business should be allocating the proper amount of space for the task. Therefore, everything in your garage will need to be cleared out. While taking all of the items out of your garage, split into piles trash items, and items you want to keep.

4. 实施步骤

4.1 分组阅读及理解设计原始资料
3～4 人组成一个小组，分组阅读和理解设计原始资料。

4.2 与客户交流
向客户（教师扮演）了解车库具体细节，并与客户讨论车库通风要求。用备忘录的形式记录与客户讨论的结果。

4.3 实施
(1) 小组集体学习通风与除尘技术设计规范及相关参考书，借阅类似的通风设计。

(2) 制定设计步骤，小组进行分工实施。注意随时与客户沟通。

5. 评价

通风工程设计评分标准

表 13-1

序号	评价项目	分数	学生自评	教师评分
1	与客户沟通的能力	10		
2	信息的收集	10		
3	通风系统的计算(水力计算和管径的确定)	30		
4	除尘系统的计算(水力计算和管径的确定)	30		
5	方案的选择	10		
6	设计说明书	10		
7	车库通风与除尘平面图(附件、设备与管线的布置、线型和尺寸标注)	30		
8	通风系统图(线型、尺寸标注、与平面图的一致性)	10		
9	除尘系统图(线型、尺寸标注、与平面图的一致性)	10		
10	大样图(线型、尺寸标注、与标准图的一致性)	10		
11	CAD绘图能力	10		
12	手工绘图能力	10		
13	建筑通风原理理解和掌握总印象	20		
14	与小组成员的合作能力	10		
15	英语能力	10		
16	备忘录的完整性	10		
	合计? /230	230		

6. 小结

与教师和小组成员沟通后,小结自己在给水排水设计中的收获与不足。

参见图 13-2、图 13-3。

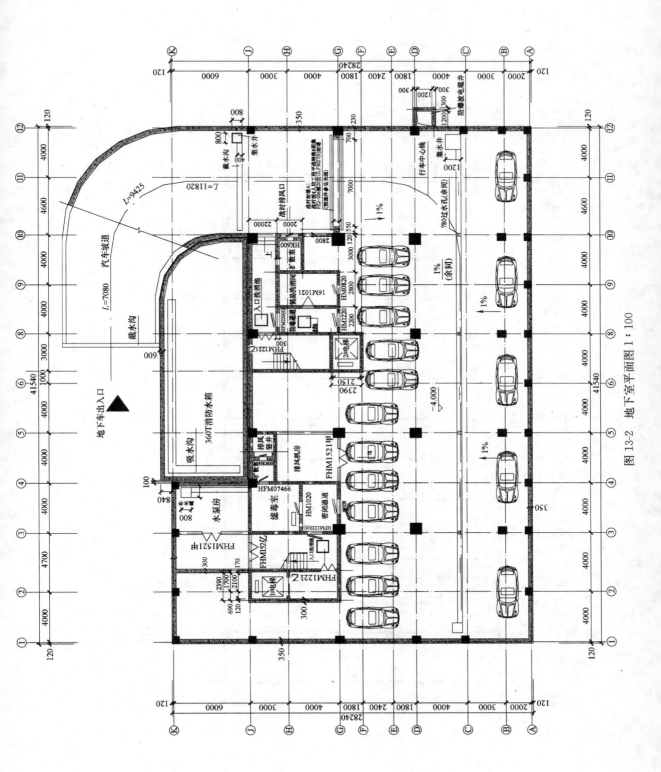

图 13-2　地下室平面图 1∶100

135

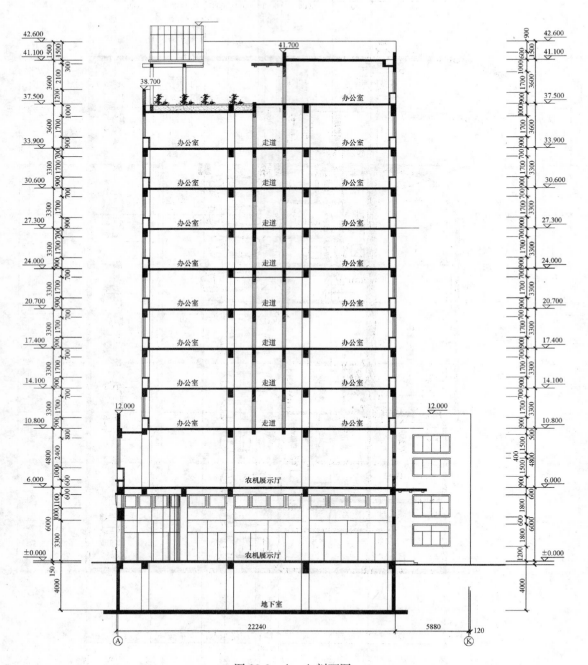

图 13-3　A—A 剖面图

136

参 考 文 献

[1] 技工学校机械类通用教材编审委员会. 钳工工艺学. 北京：机械工业出版社，2004.

[2] 王英杰. 金属工艺学. 北京：机械工业出版社，2008.

[3] 陈礼. 流体力学及泵与风机. 北京：高等教育出版社，2005.

[4] 白桦. 流体力学泵与风机. 北京：中国建筑工业出版社，2005.

[5] 杜渐. 管道工初级技能. 北京：高等教育出版社，2005.

[6] 杜渐. 建筑给水排水供热通风与空调专业实用手册. 北京：中国建筑工业出版社，2004.

[7] 劳动和社会保障部中国就业培训技术指导中心. 管工（初级工、中级工）. 北京：中国城市出版社，2003.

[8] 张健. 建筑给水排水工程. 北京：中国建筑工业出版社，2005.

[9] 杜渐. 建筑给水与排水系统安装. 北京：高等教育出版社，2006.

[10] 高明远，岳秀平. 建筑设备工程（第3版）. 北京：中国建筑工业出版社，2006.

[11] 付祥钊. 流体输配管网（第2版）. 北京：中国建筑工业出版社，2005.

[12] 贺平，孙刚. 供热工程（第3版）. 北京：中国建筑工业出版社，1993.

[13] 孙一坚. 工业通风（第3版）. 北京：中国建筑工业出版社，1994.

[14] 赵荣义，范存养. 空气调节（第3版）. 北京：中国建筑工业出版社，1994.

[15] 付海明. 建筑环境与设备工程系统分析及设计. 上海：东华大学出版社，2006.

[16] 张宝军，崔建祝. 现代设备工程造价应用与施工组织管理. 北京：中国建筑工业出版社，2004.

[17] 马克忠. 建筑安装工程预算与施工组织. 重庆：重庆大学出版社，1997.

[18] 裴永奇，马赛英. 最新工程预算问答 2 建筑·安装. 安徽：安徽科学技术出版社，2004.

[19] 蔡可健. 建筑给水排水工程. 北京：中国建筑工业出版社，2005.

[20] 张英. 新编建筑给水排水工程. 北京：中国建筑工业出版社，2004.

[21] 建设部标准定额研究所. 全国统一安装工程预算定额. 北京：中国计划出版社，2000.

[22] 全国统一安装工程预算定额工程员计算规则. 北京：中国计划出版社，2000.

[23] 卞秀庄、赵玉槐. 建筑工程定额与预算. 北京：中国环境出版社 2002.

[24] 建筑给水排水及采暖工程施工质量验收规范. 北京：中国建筑工业出版，2002.

[25] 通风与空调工程施工质量验收规范. 北京：中国建筑工业出版社，2002.

[26] 张宪吉. 管道施工技术. 北京：高等教育出版社，1995.

[27] 建设部标准定额研究所. 建设工程工程量清单计价规范. 北京：中国计划出版社，2003.

[28] 建设部标准定额司. 全国统一安装工程预算定额工程量计算规则. 北京：中国计划出版社，2001.

[29] 建设部标准定额研究所. 全国统一安装工程预算定额编制说明. 北京：中国计划出版社，2003.

[30] Rolf Geiger und Josef Heuberger. Arbeitstechniken im Heizungsbau. Julius Hoffmann Stuttgart，2000.

[31] Albers/Dommel/Montaldo-Ventsamnedo/Ueberlacker/Wagner. Der Zentralheizungs- und Lueftungs-bauer Technologie . Handwerk und Technik，2002.

[32] 建筑给水排水设计规范 GB 50015—2003. 中华人民共和国建设部，2003.

[33] 上海罗森博格机电有限公司网址：www. rothenberger. cn.

尊敬的读者：

感谢您选购我社图书！建工版图书按图书销售分类在卖场上架，共设22个一级分类及43个二级分类，根据图书销售分类选购建筑类图书会节省您的大量时间。现将建工版图书销售分类及与我社联系方式介绍给您，欢迎随时与我们联系。

★建工版图书销售分类表（见下表）。

★欢迎登陆中国建筑工业出版社网站www.cabp.com.cn，本网站为您提供建工版图书信息查询、网上留言、购书服务，并邀请您加入网上读者俱乐部。

★中国建筑工业出版社总编室　　　电　话：010—58934845　　传　真：010—68321361

★中国建筑工业出版社发行部　　　电　话：010—58933865　　传　真：010—68325420
　　　　　　　　　　　　　　　　E-mail：hbw@cabp.com.cn

建工版图书销售分类表

一级分类名称（代码）	二级分类名称（代码）	一级分类名称（代码）	二级分类名称（代码）
建筑学 （A）	建筑历史与理论（A10）	园林景观 （G）	园林史与园林景观理论（G10）
	建筑设计（A20）		园林景观规划与设计（G20）
	建筑技术（A30）		环境艺术设计（G30）
	建筑表现·建筑制图（A40）		园林景观施工（G40）
	建筑艺术（A50）		园林植物与应用（G50）
建筑设备·建筑材料 （F）	暖通空调（F10）	城乡建设·市政工程·环境工程 （B）	城镇与乡（村）建设（B10）
	建筑给水排水（F20）		道路桥梁工程（B20）
	建筑电气与建筑智能化技术（F30）		市政给水排水工程（B30）
	建筑节能·建筑防火（F40）		市政供热、供燃气工程（B40）
	建筑材料（F50）		环境工程（B50）
城市规划·城市设计 （P）	城市史与城市规划理论（P10）	建筑结构与岩土工程 （S）	建筑结构（S10）
	城市规划与城市设计（P20）		岩土工程（S20）
室内设计·装饰装修 （D）	室内设计与表现（D10）	建筑施工·设备安装技术（C）	施工技术（C10）
	家具与装饰（D20）		设备安装技术（C20）
	装修材料与施工（D30）		工程质量与安全（C30）
建筑工程经济与管理 （M）	施工管理（M10）	房地产开发管理（E）	房地产开发与经营（E10）
	工程管理（M20）		物业管理（E20）
	工程监理（M30）	辞典·连续出版物 （Z）	辞典（Z10）
	工程经济与造价（M40）		连续出版物（Z20）
艺术·设计 （K）	艺术（K10）	旅游·其他 （Q）	旅游（Q10）
	工业设计（K20）		其他（Q20）
	平面设计（K30）	土木建筑计算机应用系列（J）	
执业资格考试用书（R）		法律法规与标准规范单行本（T）	
高校教材（V）		法律法规与标准规范汇编/大全（U）	
高职高专教材（X）		培训教材（Y）	
中职中专教材（W）		电子出版物（H）	

注：建工版图书销售分类已标注于图书封底。